高压下典型钙钛矿的结构和光电性质研究

梁永福 著

黑龙江大学出版社
HEILONGJIANG UNIVERSITY PRESS
哈尔滨

图书在版编目（CIP）数据

高压下典型钙钛矿的结构和光电性质研究 / 梁永福
著. -- 哈尔滨 : 黑龙江大学出版社, 2023.8
ISBN 978-7-5686-1016-2

Ⅰ. ①高… Ⅱ. ①梁… Ⅲ. ①钙钛矿型结构—光电材
料—研究 Ⅳ. ①TB34

中国国家版本馆 CIP 数据核字 (2023) 第 149939 号

高压下典型钙钛矿的结构和光电性质研究
GAOYA XIA DIANXING GAITAIKUANG CAILIAO DE JIEGOU HE GUANGDIAN XINGZHI YANJIU
梁永福　著

责任编辑　李　卉
出版发行　黑龙江大学出版社
地　　址　哈尔滨市南岗区学府三道街 36 号
印　　刷　天津创先河普业印刷有限公司
开　　本　720 毫米 ×1000 毫米　1/16
印　　张　11
字　　数　182 千
版　　次　2023 年 8 月第 1 版
印　　次　2023 年 8 月第 1 次印刷
书　　号　ISBN 978-7-5686-1016-2
定　　价　45.00 元

本书如有印装错误请与本社联系更换，联系电话：0451-86608666。

前　言

具有 ABX_3 结构的有机-无机杂化钙钛矿由于其载流子寿命长、吸收系数高、化学组成和晶体结构多样化，现已广泛应用于物理、化学、材料及能源等领域，并在光伏和光电等领域具有巨大的应用潜能。因此，有机-无机杂化钙钛矿吸引着科学家们开展深入且系统的研究。一方面，钙钛矿材料在电池领域应用广泛，钙钛矿电池的能量转换效率由开始的3.8%迅速提升到目前的25.8%，寿命也提高到上千小时。另一方面，有机-无机杂化钙钛矿独特的结构使其具有优异的发光特性。其中，具有高介电系数的无机层和低介电系数有机层交替排列的二维有机-无机杂化钙钛矿拥有天然的量子阱结构和介电限制效应，因此显示出了优秀的发光性能。迄今为止，钙钛矿材料研究取得了突破性进展，但是该体系仍面临一些关键的挑战和问题：结构稳定性不够高，带隙未达到肖特利-奎伊瑟极限值（1.34 eV），导电性能较差，发光性能亟待提高，以及晶体结构和性能关系的内在机制尚不清晰。因此，获得具有卓越光电性质的新相或者新结构的有机-无机杂化钙钛矿成为重要的研究课题。

压力可以有效缩短原子间距离、增加相邻电子间的轨道耦合，从而调控物质的晶体结构与电子结构，形成常规条件下无法形成的物质状态。不同于化学掺杂，压力对材料施加作用时不引入其他影响因素，因此被认为是一种“干净”的调控手段，有望获得新结构、新性质的钙钛矿材料。因此，笔者选取典型的三维全无机杂化钙钛矿铯铅碘（$CsPbI_3$）及二维钙钛矿丙胺铅碘[$(PA)_8Pb_5I_{18}$]、苯甲胺铅碘[$(PMA)_2PbI_4$]和一维钙钛矿乙胺铅碘（$EAPbI_3$），利用原位高压电学、荧光、紫外可见吸收、同步辐射X射线衍射等技术，结合第一性原理计算，研究了压力对这两种钙钛矿材料的结构和性能的调控。

材料的结构决定性质，通过压力可以改变材料的晶体结构和电子结构从而改变材料的性质。而对于钙钛矿材料而言，晶体内部的铅卤八面体结构形态对材料的性质起到决定性作用，通过压力可以调控铅卤键长、键角从而改变八面体的形态。键长、键角的改变通常会引起铅卤元素电子轨道的交叠，从而改变材料的荧光、带隙、电导率等。压力下 $CsPbI_3$ 铅碘八面体发生严重扭曲，导致铅碘元素的电子云发生深度耦合，出现导带与价带的交叠，进而使材料表现出金属的特性。

材料内部丰富的键合方式对材料的结构也有重要的影响。$(PA)_8Pb_5I_{18}$、$(PMA)_2PbI_4$ 和 $EAPbI_3$ 三种典型的有机-无机杂化钙钛矿内部通过氢键将有机部分和无机部分连接起来，在压力优化有机-无机杂化钙钛矿结构和性能中氢键扮演着重要的角色。无机层中的卤素原子可与有机阳离子中的氢原子形成稳定的氢键（N—H···X），其能量最大可达 0.27 eV，像黏合剂一样保持钙钛矿晶体的稳定性。氢键也可以通过有机阳离子牵引 PbI_6 八面体使其倾斜，导致钙钛矿材料带隙缩短。二维钙钛矿中八面体局部扭曲导致自由激子被俘获，由此可产生白色的荧光。高压下二维杂化钙钛矿 $(PA)_8Pb_5I_{18}$、$(PMA)_2PbI_4$ 和 $EAPbI_3$ 中均发现了压力作用下氢键的增强，牵引 PbI_6 八面体使其倾斜扭曲，宏观上导致晶体发生相变，光学性质出现增强的现象。这些发现打破了人们对氢键的传统认识，将氢键对钙钛矿材料光学性质影响的认识拓展到了新的维度。

本书的研究内容获得国家自然科学基金资助项目“高压下典型二维有机铅卤钙钛矿晶体结构和光电性能研究”（项目号：12104415）、河南省科技攻关“基于载流子调控的二维钙钛矿光电性能提升关键技术研究”（项目号：222102210119）和郑州轻工业大学博士科研基金资助项目“量子限域低纬钙钛矿的高压结构及光电性质研究”（项目号：2020BSJJ066）的支持，在此表示感谢。

目　　录

第1章　绪论

1.1　高压物理学简介

21 世纪的今天,凝聚态物理学取得了前所未有的成就,由此建立了多种日趋成熟的实验技术和理论方法用以表征物质在复杂环境下的优良性质,并揭示其物理本质。但是,大多数物质物理化学性质的研究是在标准大气压下进行的,而在广袤无垠的宇宙中,处于 10 GPa 以上高压状态下的物质超过 90%。例如我们赖以生存的地球,地心压力可以达到 300 GPa,中子星内部压力可以达到 10^{33} Pa。据统计,在 100 GPa 的压力作用下,物质将会出现 3~5 个相变。因此,增加压力这一维度,我们能获得的新物质将达到现在的 5 倍,而且它们大多具有全新的结构。人们在探索高压下物质的状态、结构、特性和变化规律的过程中,建立了一套系统完备的实验技术和理论方法,并形成了一门以物理学为基础,交融了化学、材料科学、生物学、地球以及天体物理等的新兴学科——高压物理学。

根据物质的状态方程我们知道,压力、化学组分和温度是三个相互独立的热力学基本参量,对物质的状态、结构、物理化学性质有着非常重要的影响。但压力对物质的性质有其特有的作用,可使物质表现出丰富的物理行为,是任何其他方式无法替代的。例如,在研究温度和压力对钙钛矿甲胺铅碘 $CH_3NH_3PbI_3$(CH_3NH_3 = MA)的影响时,将温度升高到 140 ℃,$MAPbI_3$ 开始分解,其结构稳定性遭到破坏。在施加 0.3 GPa 的静水压环境下,它的带隙减小了 0.03 eV,更重要的是与其相应的荧光寿命增加了近 100%。对于探索在高温下不易分解的物质,温度的升高还会引起声子效应,甚至会促进化学反应的发生,使实验测得的信息更加杂乱,数据分析变得复杂。此外,压力还可以有效压缩物质的体积,同时缩短物质内原子间距离,从而增大电子密度,加剧相邻电子轨道的耦合,增强原子间的相互作用,甚至引起原子、分子空间结构的重组,改变物质的晶体结构和电子结构,即高压结构相变,如图 1.1 所示。

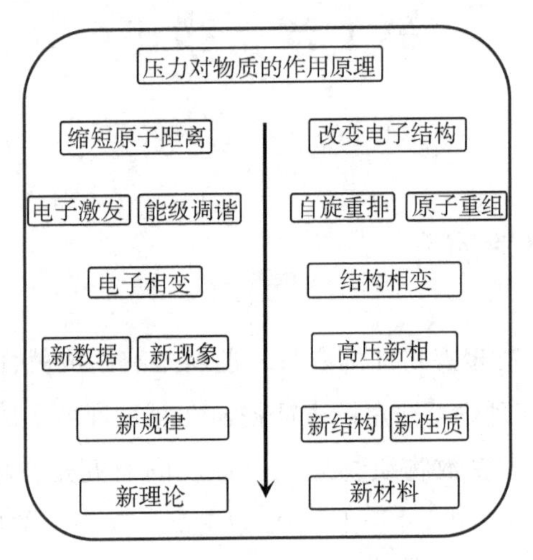

图 1.1 压力对物质的作用原理

通常情况下,高压新相的产生也会伴随着奇特的物理现象,呈现出各种优异的性质。例如,松软的石墨在高压下会转变成硬度高、导热性能好、光学性质优异的金刚石;碱金属钠在 200 GPa 的高压下会转变成透明的绝缘体;钙钛矿 $MAPbI_3$ 在 62 GPa 的压力下导电性增加,出现金属的电导率与温度的强关联效应,从半导体转变为金属。由此可见,压力可以使电子在局域态和扩展态之间转变,实现物质在导体和绝缘体之间的转化。此外,压力可以通过对电子-声子相互作用的影响,实现对物质超导电性的调控。压力还可以改变电子的自旋排列,实现铁磁到顺磁、铁电的相变等。这些物质在压力下表现出来的新结构、新性质表明高压是获取新型功能材料的重要源泉,极大地拓展了物质科学的探索空间。

近年来高压物理学在物质科学探究领域取得了重大突破。可以预见,在未来的科学探索中,用高压的方法制备和研究具有优异性质的新型功能材料将成为热门课题。人们对高压物理学进行了更深层次的研究,目前高压物理学的应用范围已经扩展到电子、机械、能源、化工、生物、食品、医药等领域。例如，在无法实现对地球内部进行直接观测和样品获取的条件下，可通过模拟地球内部高温高压环境探究物质的性质，为了解地球内部各种复杂物理场（如地震层析、地震波速、地磁场、引力场）提供了一个重要窗口。压力还可以使蛋白质的结构以及生物活性发生改变，通过模拟原始生命出现时地球的环境来探索无机—有机—生命演化过程。此外，高压技术在农业种子的高压处理、食品保鲜、废弃毒液处理、高压灭菌等方面也起到关键作用。由此可见，高压物理学在诸多领域都占有至关重要且无法替代的地位。

1.2　有机-无机杂化钙钛矿概述

起初，钙钛矿是指一种由钛酸钙（$CaTiO_3$）组成的钙钛氧化物矿，如图1.2(a)所示。1839年，德国的古斯塔夫·罗斯发现了这种矿物，后来将具有与$CaTiO_3$相似晶体结构的化合物统称为钙钛矿，它们的结构通式为ABX_3。其中，A位置为Ca^{2+}，B位置为Ti^{4+}，X位置为O^{2-}。其晶体结构是由共角的TiO_6八面体向三维空间拓展形成的，其中Ti^{4+}位于每个正八面体最核心的位置，每个正八面体的顶角是O^{2-}，Ca^{2+}则因支撑整个结构而位于八面体之间的空位，如图1.2(b)所示。

(a)

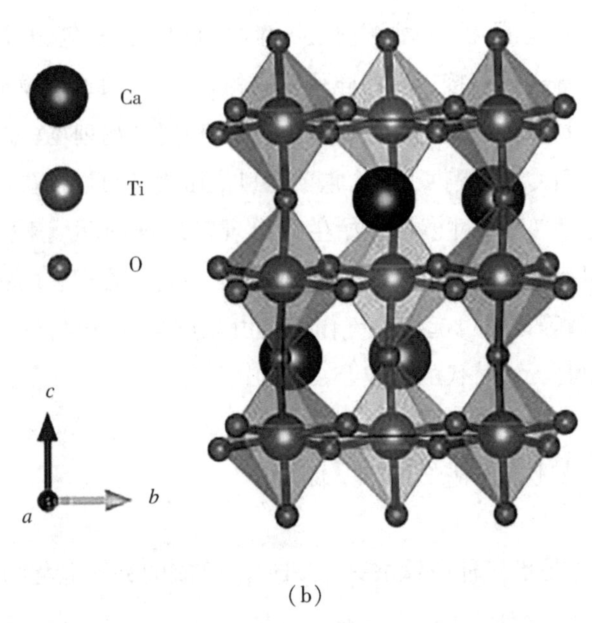

(b)

图 1.2 (a) $CaTiO_3$;(b) $CaTiO_3$ 晶体结构空间群

具有钙钛矿型结构的化合物由于具有独特的电学性质而广泛应用于电子器件领域,如半导体介电材料、离子-电子混合导体和高温超导体等。它们的晶体结构、化学成分简单,能够以单晶或多晶的形式合成。此外,钙钛矿的结构和化学成分也很容易改变,同时可能伴随获得新的光电性能、催化性能或机械性能。钙钛矿按组成元素可分为氧化物钙钛矿和有机-无机杂化钙钛矿。具有钙钛矿型结构的混合氧化物能够适应各种过渡金属,这些过渡金属有时处于异常的氧化态,形成稳定的高浓度缺陷位,并带来意想不到的物理化学性质。在过去的几十年中,人们为探索制备氧化物钙钛矿的技术做出了巨大的努力。由此合成的氧化物钙钛矿表现出广泛的功能特性,这些功能特性主要取决于特定晶体结构与其主要成分之间的关系,通常表现为铁电性、压电性、热电性和非线性介电特性等,并广泛应用于电荷存储、非易失性存储器、换能器和红外检测设备。其中,这种氧化物钙钛矿的巨大磁阻对其应用多样性起到至关重要的作用。这一性质刺激了用于理解磁传输性质的新概念的出现。如今,许多研究小组都参与了电荷排序、相分离和 Jahn-Teller 效应等相关问题的研究,这些问题是理解氧化物钙钛矿性质的关键参数。

因此,我们可以利用几个关键参数来控制具有 ABX_3 结构钙钛矿的特性,例如通过部分取代 A 位和 B 位来实现其结构特性的多样性。这种定义明确的结构可以容许多样的体积、化合价及化学计量比,极大地丰富了此类材料的性能。当用一价有机阳离子或金属离子取代 A 位、二价金属离子取代 B 位、卤素离子取代 X 位,同时满足电荷守恒和容忍因子限制,便可得到具有光电活性的有机-无机杂化钙钛矿材料。1884 年,科学家就已经合成出了有机-无机杂化钙钛矿。这类材料因具有独特的光伏性质而在发光二极管、激光和光子检测等领域具有广泛的应用潜力。2009 年,有机-无机杂化钙钛矿首次被 Miyasaka 等人应用到太阳能电池中,制备了第一块钙钛矿太阳能电池,并实现了 3.8%的能量转换效率。此后,钙钛矿太阳能电池开始迅速发展。截止到 2023 年,其能量转换效率已达到 25.8%。同时,钙钛矿电池的寿命也从开始的几小时延长到了上千小时。这些显著的成就已经超越了有机光伏和染料敏化太阳能电池,达到了与硅基、铜铟镓硒(CIGS)光电池相媲美的程度。

1.2.1　三维有机-无机杂化钙钛矿

三维有机-无机杂化钙钛矿除了具有通用的分子式 ABX_3 外,其各点位还要满足电荷守恒 $q_A + q_B = -3q_X = 3$,这点和典型的氧化物钙钛矿 $SrTiO_3$ 与 $GdFeO_3$ 有所不同($q_A + q_B = -3q_O = 6$)。其中,A 位主要是一价金属阳离子或有机基团,如甲胺、甲脒、铯离子等;B 位主要是二价金属阳离子,如钙、锗、锡、铅等;X 位主要是第Ⅶ主族卤素单离子或混合离子,如氯、溴、碘等。有机-无机杂化钙钛矿晶体一般为立方体或八面体结构。A 离子处于立方晶胞的中心位置,被 12 个 X 离子包围成配位立方正八面体,它的配位数为 12;B 离子处于立方晶胞的顶点,它被 6 个 X 离子包围成配位正八面体,配位数为 6,如图 1.3 所示。

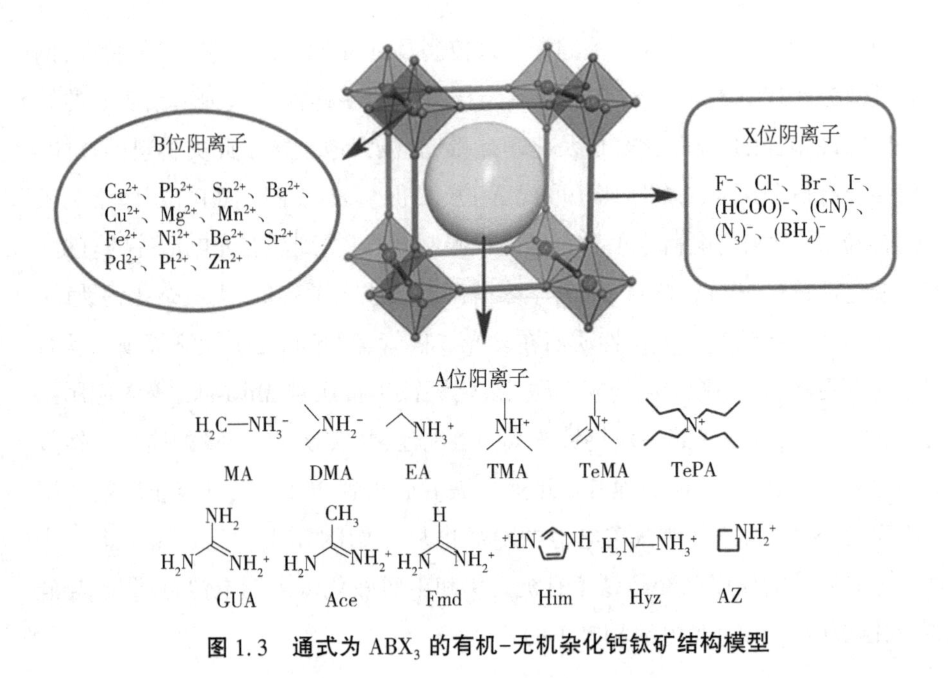

图 1.3 通式为 ABX_3 的有机-无机杂化钙钛矿结构模型

钙钛矿晶体结构能否形成及稳定性如何,主要依赖于各离子的半径大小是否满足一定的条件。为了定量地描述钙钛矿材料中各离子半径的大小以及尺寸的匹配程度,Goldschmidt 提出容忍因子(t)和八面体因子(μ)的概念。到目前为止,Goldschmidt 容忍因子的概念已经扩展到了有机-无机钙钛矿的新兴领域,几十年来一直是固态钙钛矿材料发展的重要参数。容忍因子和八面体因子的计算公式如下:

$$t = \frac{R_A + R_X}{\sqrt{2}(R_B + R_X)} \tag{1-1}$$

$$\mu = \frac{R_B}{R_X} \tag{1-2}$$

其中,R_A、R_B 和 R_X 分别为 A 离子、B 离子、X 离子的半径。容忍因子用于评估 A 位阳离子是否适合 BX_3 框架中的空腔,如图 1.4(a)所示。通常容忍因子在 $0.80<t<1.00$ 的范围内,八面体因子在 $0.44<\mu<0.90$ 范围内能形成钙钛矿结构。其中 $t=1.00$ 时形成对称性最高的立方相晶格。当 t 位于 0.89~1.00 之间时,钙钛矿会形成菱面体晶格(三方晶系);当 $0.80<t<0.96$ 时,转变为正交结构;当 $t<0.8$ 时,A 位阳离子太小,晶体的结构可能由于 BX_6 八面体形变而发生

倾斜，进而形成对称性较低的晶体结构，如 δ-$CsPbI_3$ 会形成共棱八面体连接的 NH_4CdCl_3 型正交结构；当 t>1.0 时，A 位阳离子太大，通常会形成共面八面体连接的 $CsNiBr_3$ 型结构，如 δ-$FAPbI_3$ 的容忍因子为 1.06，形成了一维链状六角结构，如图 1.4(b)和图 1.4(c)所示。

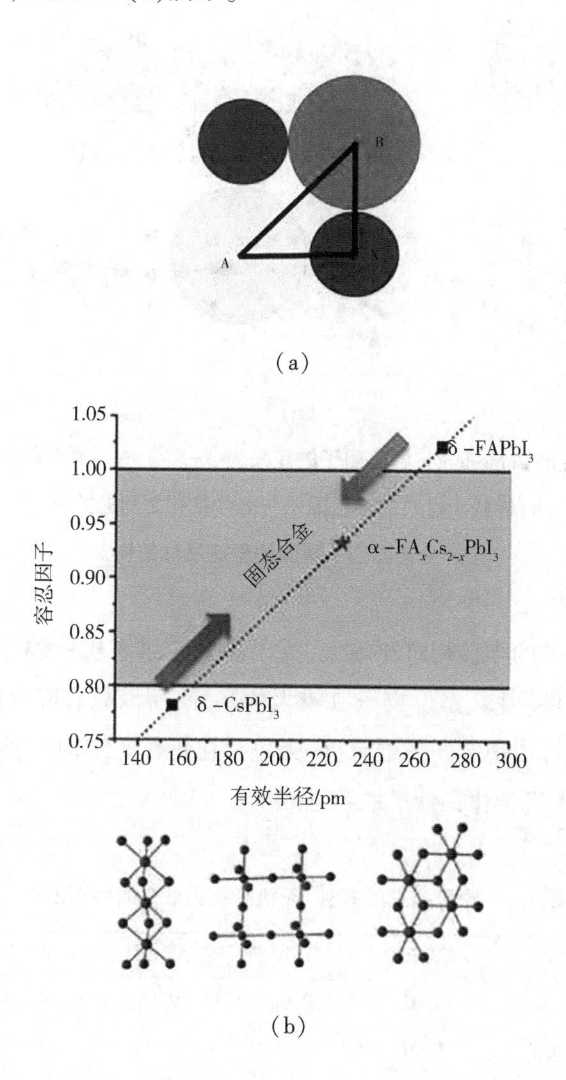

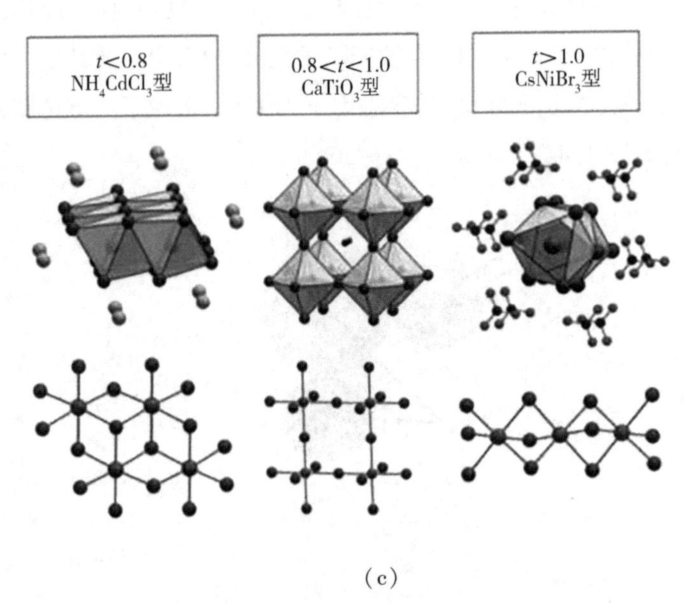

(c)

图 1.4 (a) Goldschmidt 容忍因子的定义为 A-X 与 B-X 两个距离的比；(b) 钙钛矿材料的容忍因子与晶体结构之间的关系；(c) 由容忍因子预测的稳定晶体结构

由于卤素离子的半径相对比较大，为了满足三维有机-无机杂化钙钛矿容忍因子的限制条件，要求 A 位离子有较大的半径，所以只有部分碱金属离子和有机阳离子才能形成稳定的三维有机-无机杂化钙钛矿结构。表 1.1 列举了常见的三维有机-无机杂化钙钛矿的容忍因子。

表 1.1 常见的三维有机-无机杂化钙钛矿的容忍因子

容忍因子	$APbCl_3$	$APbBr_3$	$APbI_3$	$ASnCl_3$	$ASnBr_3$	$ASnI_3$
MA	0.94	0.93	0.91	0.97	0.96	0.94
FA	1.02	1.01	0.99	1.06	1.04	1.01
Cs	0.82	0.82	0.81	0.85	0.84	0.83

三维有机-无机杂化钙钛矿结构呈现出 BX_6 八面体与阳离子 A 在分子尺寸上的杂化，这种独特的结构使得此类材料表现出优异的光电性质。首先，三

维有机-无机杂化钙钛矿是一种直接带隙半导体，它的光吸收作用主要来源于导带与价带之间的跃迁矩阵和联合态密度。由第一性原理计算结果可知，三维有机-无机杂化钙钛矿费米面处电子能带能量分布主要由金属卤素八面体 BX_6 的状态决定。如图 1.5 甲脒铅碘（$FAPbI_3$）的能级结构所示，$FAPbI_3$ 的价带顶由 Pb 的 s 轨道和 I 的 p 轨道决定，导带底由 Pb 的 p 轨道决定。在光的激发下，电子从 I 的 p 轨道以及 Pb 的 s 轨道跃迁到 Pb 的 p 轨道。

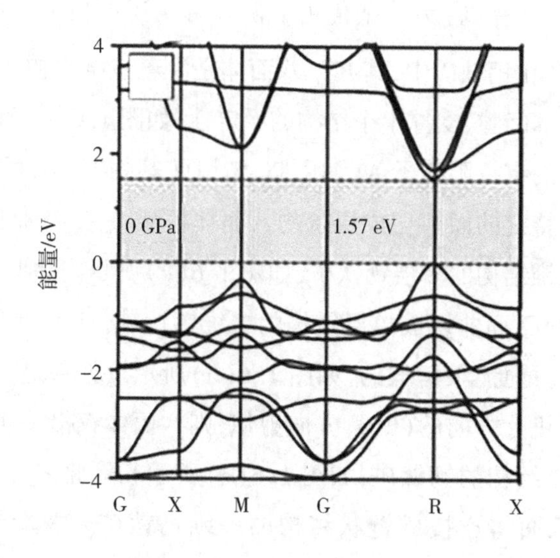

图 1.5　$FAPbI_3$ 在常压下的能带结构

此外，三维有机-无机杂化钙钛矿的光学带隙可以通过改变 B—X 键的键长和 B—X—B 键的键角进行调节。如 $CsPbI_3$ 的 Pb—I 键的键长由 3.115 Å 缩短到 3.092 Å，其带隙值由 1.72 eV 减小到 1.69 eV。当 Pb—I—Pb 键的键角增大、Pb—I 键的键长变长时，其带隙值也随之增加，由 1.69 eV 增加到 1.76 eV。因此，相比于第一代硅基和第二代砷化镓太阳能电池，有机-无机杂化钙钛矿具有独特的成分和结构调控性能。因此，一价阳离子 A、二价金属离子 B 和卤素离子 X 的不同组合，可以获得具有不同光学带隙的钙钛矿材料，这也是有机-无机杂化钙钛矿能够在近红外以及可见光范围内实现多色发光的基础。

除此之外，有机-无机杂化钙钛矿的带隙比其他太阳能材料的带隙更窄，载流子扩散长度更长,吸收层厚度更小,激子寿命更长,材料厚度与载流子扩散距离匹配更好,这些优异的性能使有机-无机杂化钙钛矿不仅能更好地应用在光伏领域,而且在光催化、LED、激光器以及发光场效应晶体管等光学领域有着重要的应用价值。

1.2.2 二维有机-无机杂化钙钛矿

ABX_3 结构的三维有机-无机杂化钙钛矿具有相当严格的结构约束条件。在三维有机-无机杂化钙钛矿中,其 BX_6 八面体是沿着三维方向无限扩展的,A 离子填充在八面体的间隙,支撑整个结构的稳定性,如图 1.6(a)和图 1.6(b)所示。当我们把更大的有机阳离子 A(如丙胺、苯甲胺等)插入八面体间隙时,三维八面体框架沿着特定的面剪切成层状的八面体框架,BX_6 八面体沿着(001)平面形成具有准二维结构的多层钙钛矿,如图 1.6(c)所示。除此之外,三维钙钛矿也可以沿(001)平面剪切成单层结构的二维钙钛矿,这种情况下单层 BX_6 八面体是沿着二维方向无限延伸的,如图 1.6(d)所示。如果进一步将二维钙钛矿沿着垂直于无机片方向的(010)方向剪切,则八面体仅沿一个轴保持共点连接,形成具有一维结构的钙钛矿,如图 1.6(e)所示。除此之外,实际中还存在以共边和共面八面体连接成链状结构的一维钙钛矿。极端情况下,沿着(100)面将一维钙钛矿剪切成以孤立的八面体或八面体团簇构成的零维钙钛矿,如图 1.6(f)所示。值得注意的是,所有维度的钙钛矿中有序的金属卤化物八面体骨架都是通过有机或无机阳离子使晶格保持稳定的。由上面的讨论可知,从三维共角八面体 BX_6 结构到孤立的零维 BX_6 八面体簇,实现了卓越的结构可调性。此处我们讨论的维数是指晶体结构中 BX_6 八面体的连续性。当钙钛矿结构被剪切成薄片时,由容忍因子所概述的尺寸限制效应被逐渐解除。例如,在具有二维层状钙钛矿结构的衍生物中,层间 A 位阳离子的长度已没有限制。而在零维层状钙钛矿结构的衍生物中,尺寸限制完全不适用,因为 BX_6 八面体是孤立的,可以轻易地在相应位置上移动。这种结构上的灵活性和尺寸的可调性为制备具有多样性物理性质的晶体结构提供了丰富的平台。

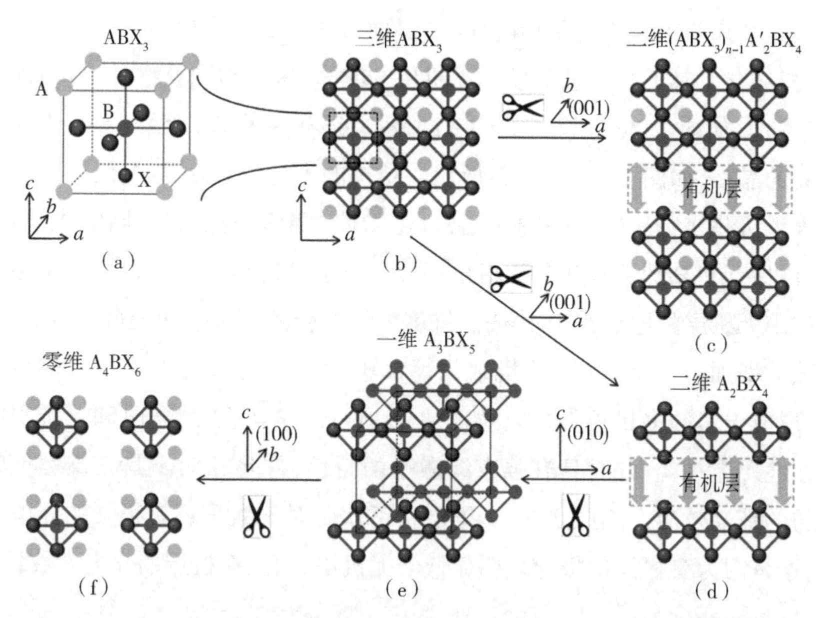

图 1.6　BX_6 八面体在低维钙钛矿中的连接方式，以及低维钙钛矿的形成过程

(a)三维钙钛矿的晶胞；(b)三维钙钛矿在(010)平面上的投影；

(c)三维钙钛矿被剪切成二维钙钛矿；(d)将三维钙钛矿沿(100)平面剪切成二维钙钛矿；

(e)二维钙钛矿沿(010)平面剪切成一维钙钛矿；(f)一维钙钛矿沿(001)平面剪切成零维钙钛矿

在二维卤化物钙钛矿中，主要是有机铵阳离子占据 A 位，末端氨基与无机晶格的卤化物形成氢键。有机层中通常存在双层单铵阳离子(RNH_3^+，R =脂肪族或芳香族基团)或单层双铵阳离子($^+H_3N-R-NH_3^+$)。A 位阳离子在无机晶格的结构中起着重要作用，因此，可以极大地影响材料的发光性能。B 位阳离子主要是二价金属阳离子，它的选择在很大程度上决定了二维钙钛矿的电子结构，并因此决定了其发光性质。此外，Mitzi 等人成功制备了一种含有 Bi^{3+} 的二维钙钛矿，其中过量的正电荷通过 B 位来平衡。双钙钛矿骨架为扩展 B 位阳离子的范围提供了一种新途径。与三维有机-无机杂化钙钛矿相同的是，二维杂化钙钛矿的 X 主要包含 Cl^-、Br^- 或 I^-，某些二维钙钛矿还包含 F^-，如 K_2MgF_4。同样，卤化物的选择对二维杂化钙钛矿的带隙具有重大影响，而混合卤化物的组成能够使可见光区域的光致发光能量连续变化。

在结构上，绝大多数二维有机-无机杂化钙钛矿具有平整的 BX_6 八面体层，可以认为其来源于三维同系物的(001)晶面,如图1.7(a)所示。小部分二维有机-无机杂化钙钛矿含有波纹状的无机层,同样它来源于同系物的(110)晶面或(111)晶面,如图1.7(b)和图1.7(c)所示。还有更复杂的形状来源于与之紧密相关的晶格,如图1.7(d)~(f)所示。结构的多样性突出了A位阳离子在扩展二维无机晶格结构中的关键作用,也可以使材料获得截然不同的光学特性。二维有机-无机杂化钙钛矿的无机层尺寸对电子结构影响较大。例如,(001)型钙钛矿中无机层的厚度小于1 nm。维度的降低会减弱价带和导带的色散,表现为带隙的增加。二维有机-无机杂化钙钛矿的有机层和无机层是周期性排列的,会形成天然的多量子阱结构,如图1.8所示。事实上,量子阱和二维层状钙钛矿在性质上是相似的,具有强束缚激子的特性,并且相对于其三维类似物具有很强的荧光效应。除此之外,二维层状钙钛矿对于激子还有很强的介电限制效应,这是因为有机层的极化性明显低于无机层,而且有机层的介电常数较小。

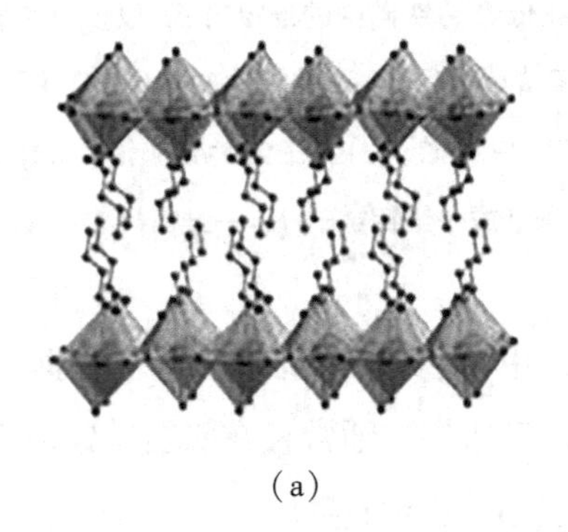

(a)

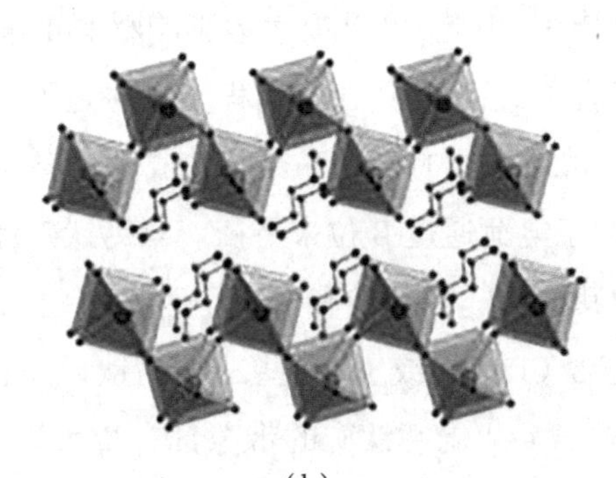

(b)

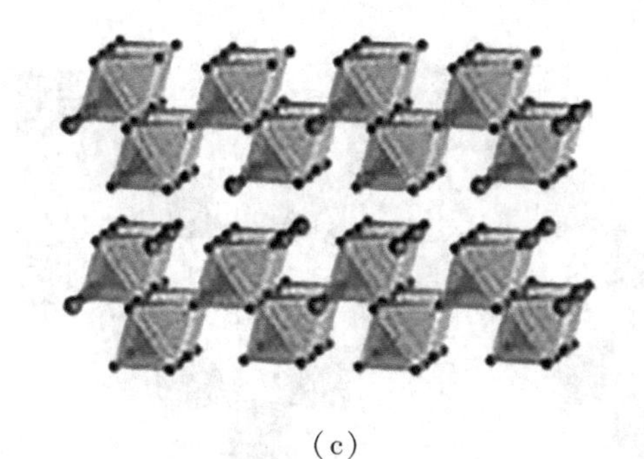

(c)

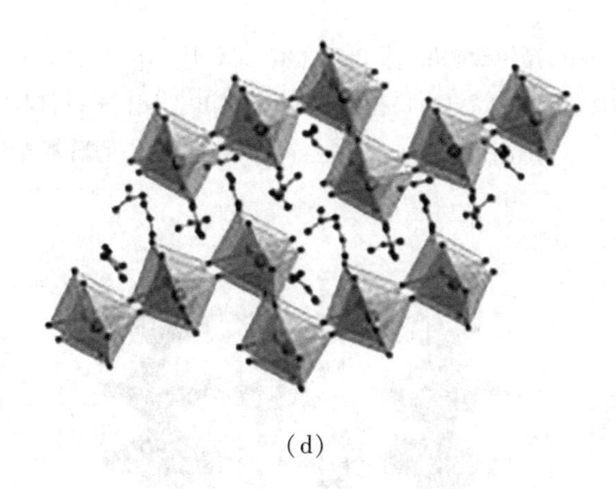

(d)

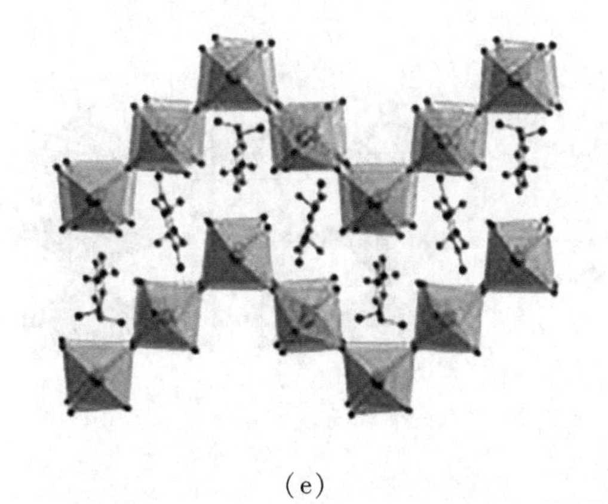

(e)

(f)

图 1.7　(a)(001)型钙钛矿$(BA)_2PbBr_4$($BA = C_4H_9NH_3^+$)、(b)(110)型钙钛矿(N-MEDA)$PbBr_4$、(c)(111)型钙钛矿$Cs_3Bi_2Br_9$、(d)(FA)(GUA)PbI_4、(e)α-(DMEN)$PbBr_4$ 和(f)α-(1,5-PDA)SnI_4 的晶体结构

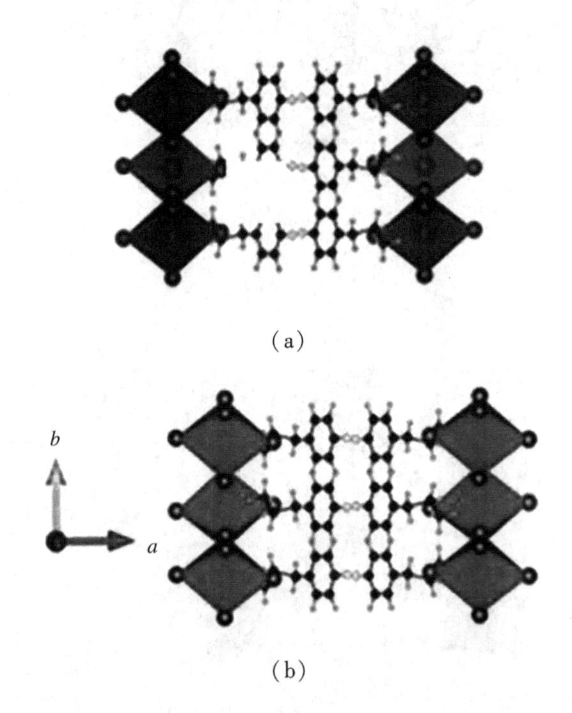

(a)

(b)

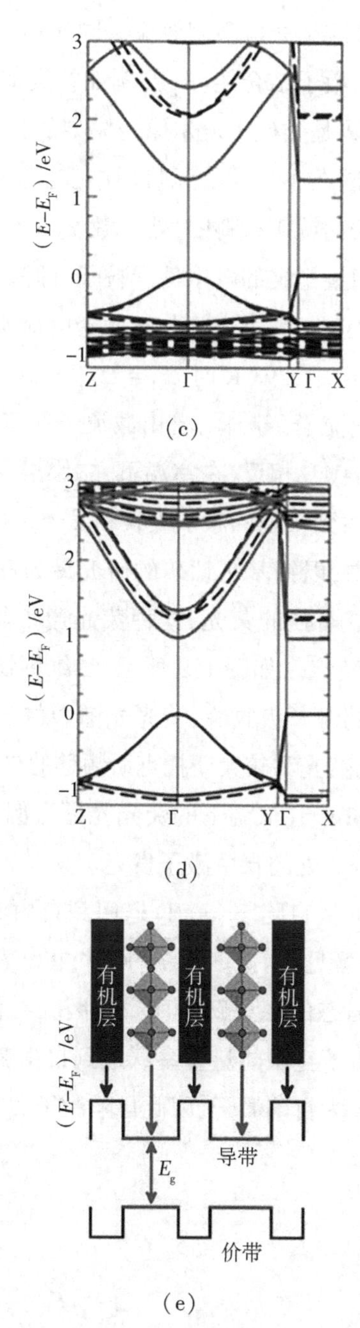

图 1.8 (a)、(b)$(p\mathrm{FPhEt\text{-}NH_3})_2\mathrm{PbI_4}$ 和 $(p\mathrm{FPhEt\text{-}NH_3})_2\mathrm{SnI_4}$ 的结构；(c)、(d)DFT 能带结构；(e)有机-无机钙钛矿交替结构的量子阱能级示意图

正是由于量子限制效应和介电限制效应共同作用的存在，二维杂化钙钛矿比三维同系物具有更强的激子结合能（E_b），例如在类似于 $MAPbI_3$ 这种三维电子性能材料中，激子波函数是类似于玻尔原子模型的三维波函数。而在二维杂化钙钛矿中，波函数被限制在小尺寸的无机层中，E_b 通过量子限制效应提高到其三维同系物的 4 倍。在钙钛矿材料中，处于激发态的电子和空穴可以通过库仑引力的作用形成一个能量稳定的电中性准粒子，即激子。激子相对于其自由载流子的稳定是由 E_b 决定的，其大小为分离库仑电荷所需的能量。例如，在典型的直接带隙半导体 GaAs 中，298 K 时（$E_b = 25.7$ meV），$E_b \ll k_B T$，所以激子在室温下被离子化为自由载流子。同样，自由载流子在三维钙钛矿 $MAPbI_3$ 中占主导地位，其 E_b 约为 2 meV。相反，在室温下，二维层状的卤化铅钙钛矿的 E_b 值约为 300 meV，可以观察到很强的激子吸收和发光特性。

在二维杂化钙钛矿中，以铅基钙钛矿的研究最为深入，较高的激子结合能使紧密结合的激子产生窄而强的荧光，这种荧光通常具有最小的斯托克斯频移，满足自由激子复合的特点。如图 1.9 所示，二维钙钛矿（N-MPDA）$PbBr_4$在 420 nm 处出现一个较强的激子吸收峰，荧光光谱中位于 433 nm 的尖峰其半高宽仅有 24 nm。而具有宽荧光和较大斯托克斯频移的自陷激子发光在常规条件下比较少见。以（HIS）$PbBr_4$ 在低温下的荧光光谱为例，如图 1.10（a）所示，室温下，我们仅能观察到 3 eV 处的自由激子发光。这是因为在较高的温度下，晶格具有足够的热能使激子从自陷态（STE）退回到自由激子态（FE），如图 1.10（b）所示。由图 1.10（a）可见，当温度为 77 K 时，在 2 eV 处出现一个较宽的荧光峰。这种宽荧光为自陷态的辐射跃迁所致。因为在低温下，热能逐渐降低，不足以使处于自陷态的激子克服能量壁垒跃迁到自由激子态。相反，自由激子能轻易地越过能量壁垒成为自陷激子，因此自陷激子发光逐渐增强。

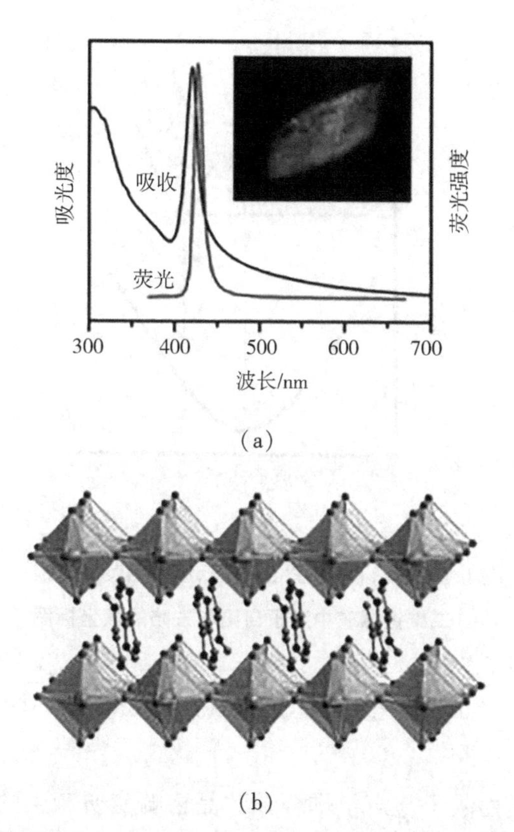

图 1.9　(a)(001)型钙钛矿(N-MPDA)$PbBr_4$ 的吸收和荧光光谱,插图是(N-MPDA)$PbBr_4$ 粉末在紫外光照射下发出蓝光的照片;(b)(N-MPDA)$PbBr_4$ 的晶体结构

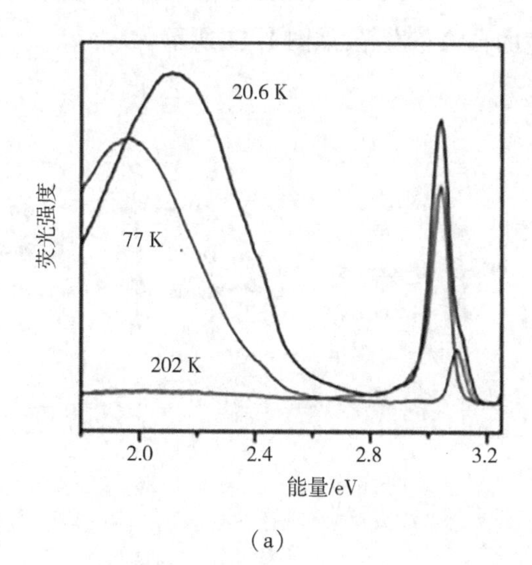

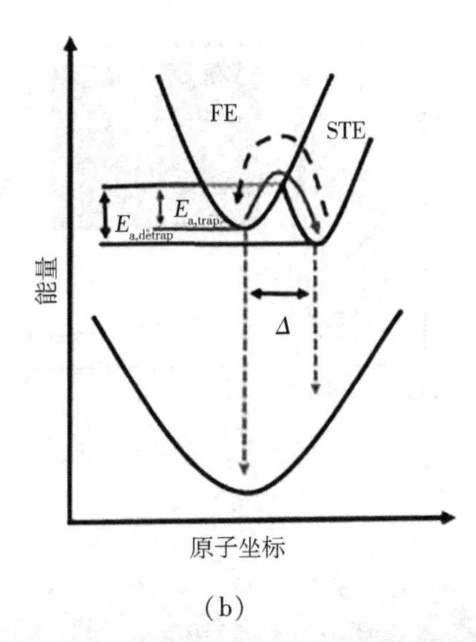

(b)

图 1.10 (a)(HIS)$PbBr_4$ 在低温下的荧光光谱；

(b)二维钙钛矿中激子自陷和去陷的核坐标图

(FE =自由激子态，STE =自陷态，$E_{a,trap}$ = 自陷激活能，$E_{a,detrap}$ = 去陷活化能，

Δ = Huang- Rhys 因子，实线和虚线箭头分别表示 FE 和 STE 的发光)

由于自陷态是由激子与声子耦合导致晶格畸变所产生的，当 B—X—B 键角向面外弯曲时，畸变的无机层才能和激子产生强烈的耦合。Smith 等人探究了$(BA)_2PbBr_4$和(HIS)$PbBr_4$ 低温荧光光谱，发现面外弯曲的(HIS)$PbBr_4$ 才能在低温下出现较宽的自陷态发光，如图 1.11 所示。

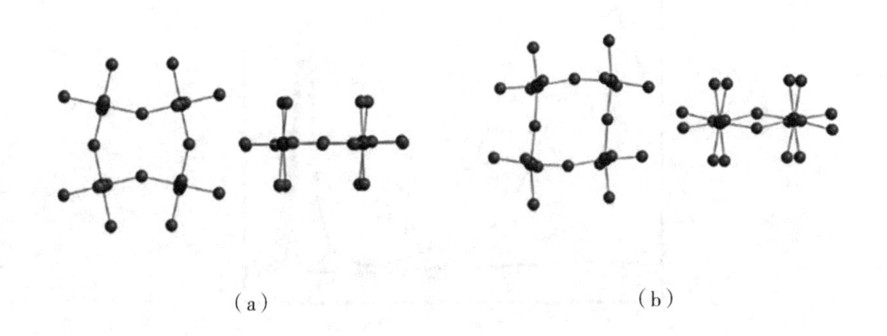

(a) (b)

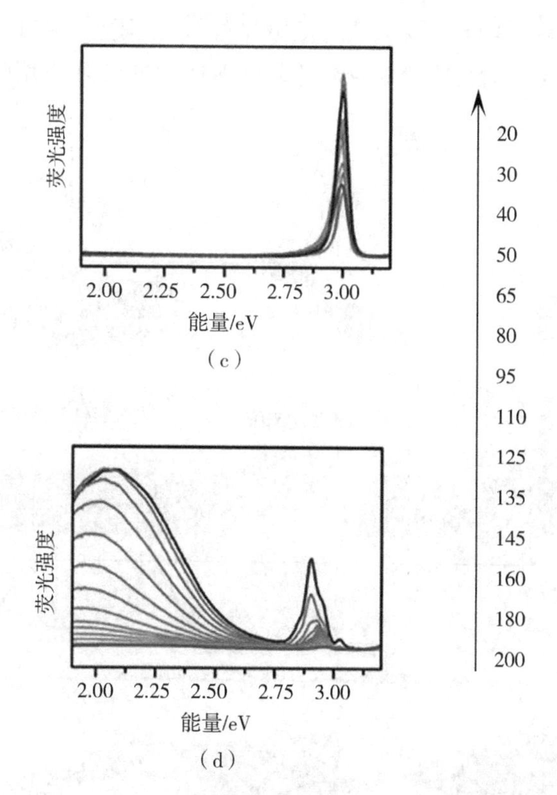

图 1.11　(a) Pb—I—Pb 键向面内弯曲；(b) Pb—I—Pb 键向面外弯曲；(c) $(BA)_2PbBr_4$ 和 (d) (HIS) $PbBr_4$ 在不同温度下的荧光光谱

三维有机-无机杂化钙钛矿因具有较高的吸收系数、较强的载流子运输能力及理想的光学带隙，而成为良好的太阳能电池材料。二维钙钛矿独特的量子阱结构和介电限制效应使其具有超高荧光量子产率，现已成为显示及发光器件领域的明星材料。杂化钙钛矿可调的组分、结构和存在形态（晶体块、纳米片、纳米线、量子点）使其在可见光区域的发光波长能够连续变化，如图 1.12 所示，因此在太阳能电池及光电器件领域拥有无限的潜力。除此之外，杂化钙钛矿材料还有简易低成本的制备方法。这些都使它在应用方面表现出了强大的竞争力，拥有广阔的发展前景。然而想要制备出纯度高、均一性和结晶性好、能够适应复杂环境长时间稳定工作的钙钛矿材料依然是一个技术难题，需要我们更加深入地去探索有机-无机杂化钙钛矿物理化学性质的奥秘。综上，发展高性能有机-无机杂化钙钛矿的新方法,为设计和开发高效、稳定、廉价的钙钛矿材料提供理论和技术支持,对拓宽有机-无机杂化钙钛矿的实际应用领域具有深远的意义。

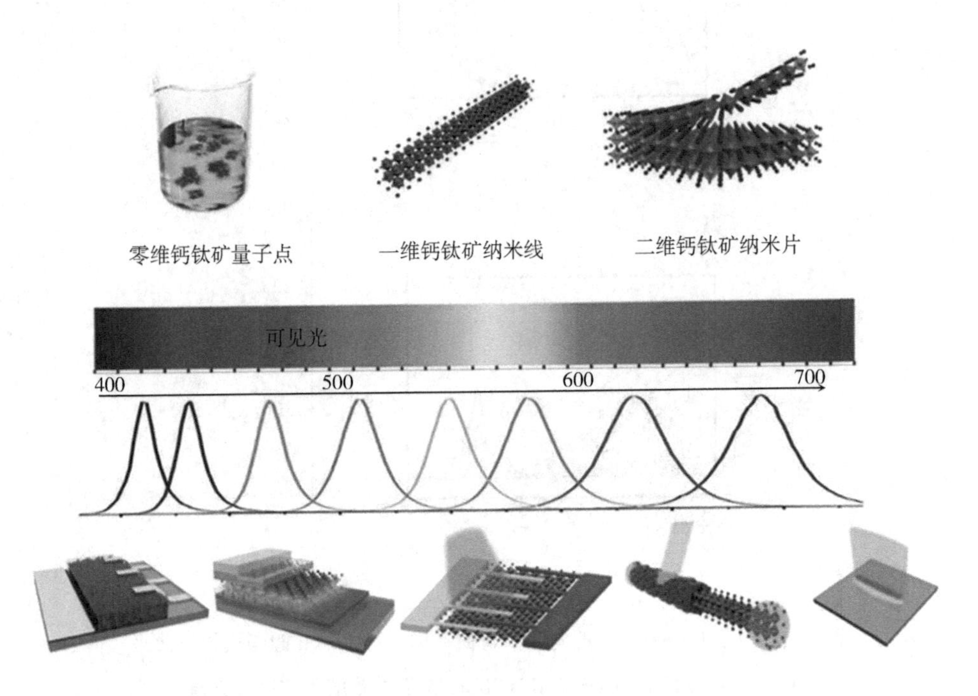

图 1.12 低维金属卤化物钙钛矿的原子结构、光谱范围和各种应用

1.2.3 一维有机-无机杂化钙钛矿

由于有机-无机金属卤化物钙钛矿材料在结构和组成上具有多样性,与其他半导体材料相比展现出更多优异的光学性质与电学性质,因而在发光二极管、光电探测器、激光、太阳能电池等领域得到发展。研究结果表明,钙钛矿是直接带隙半导体材料,在可见光范围内具有全光谱吸收的能力,是非常理想的光伏材料。材料本身具有较高的吸收系数、较低的体缺陷密度和俄歇复合速率以及双载流子扩散传输的特点,使得钙钛矿材料在发光方面同样具有得天独厚的优势。可以通过调控卤族元素的成分和比例而得到不同带隙的钙钛矿材料,

从而实现近红外到近紫外的全光谱发光峰调节。另外,由于钙钛矿还具有带隙可调、光学增益高、吸收系数大以及缺陷态密度低等性质,因此可作为低阈值彩色激光器的理想材料。尤其是纳米线和量子点等纳米结构钙钛矿材料,具有极低的激发阈值,工作波长范围也可以从红外覆盖到可见光波段。因此,这种钙钛矿材料在微纳激光器和集成光电子学领域具有广阔的应用前景。

在一维金属卤化物杂化钙钛矿中,金属卤化物八面体能够以共点、共边或者共面的形式存在,有机阳离子将其包围形成一维纳米线。由于金属卤化物八面体的连接方式不同,它们表现为线性的或者曲折的结构也不同。因为晶体结构较为特殊,电子运动很大程度上约束于一维方向,所以就造成比较明显的电荷分离,并显示出与三维和二维材料有所差异的物理特性。2017年,马必武等人报道过一维有机溴化铅钙钛矿($C_4N_2H_{14}PbBr_4$)的合成,也探究了晶体结构与物理性质的关系,其中边共享的溴化铅八面体链$[PbBr_4]^{2-}$被有机阳离子$[C_4N_2H_{14}]^{2+}$包围形成了核-壳量子线的结构。这种独特的一维结构可实现强大的量子约束效应,并形成自陷激发态,从而产生有效的蓝光发射。2019年,邹勃等人对一维钙钛矿$C_4N_2H_{14}SnBr_4$在压力作用下的结构和光学性质进行了综合性探究,成功地实现了压力诱导发射(PIE)。样品从2.06 GPa开始出现荧光响应,8.01 GPa时发射强度达到最高,3.66 GPa时样品经历了从单斜的$I2/m$相到三斜的$P1$相的转变,14.8 GPa时样品结构开始非晶化,如图1.13所示。畸变的$SnBr_6$八面体通过提高自陷态促进了自陷激子的辐射复合。结果表明,压力下一维结构钙钛矿有利于激子自陷产生高效的低禁带宽带发光,并为基于量子材料的高性能发光器件开辟了一条新的途径。这种一维杂化钙钛矿材料的发现验证了此前的猜想,也为本书利用自陷激子辐射复合去解释发光特性提供了参考模型。该类材料由于结构的特殊性,也为今后量子发光材料的研究提供了科学依据。

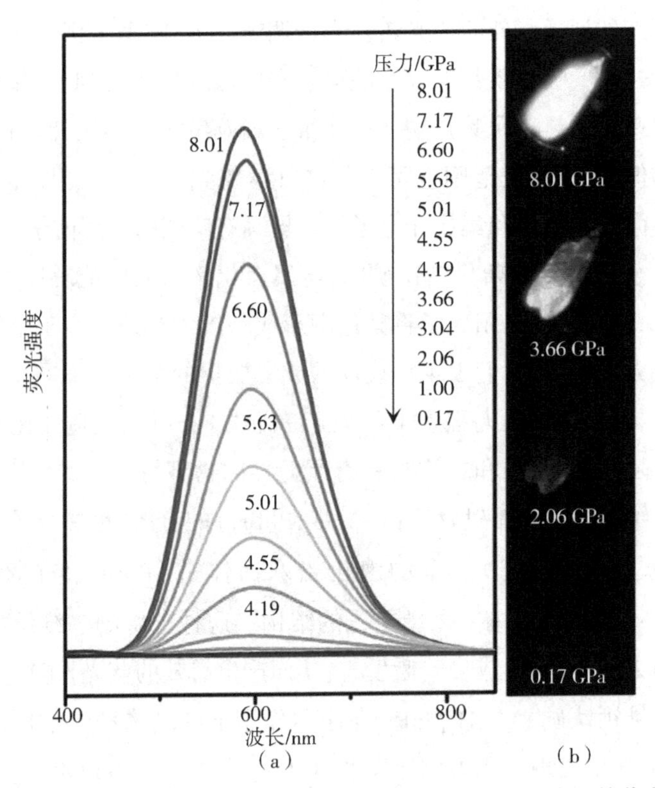

图 1.13 (a)压力下 $C_4N_2H_{14}SnBr_4$ 的荧光光谱;(b)不同压力点下的荧光照片

1.3 高压下杂化钙钛矿的研究现状

有机-无机杂化钙钛矿材料在太阳能电池及发光器件领域的优异表现,使其成为全世界科学家关注的焦点。研究人员用电场、磁场、高温等多种实验技术条件来探索钙钛矿材料的性质并试图合成具有更优异性质的钙钛矿结构。其中,压力在改变钙钛矿晶体结构合成新物质方面被认为是一种高效清洁的手段,为我们探究杂化钙钛矿材料结构与性质的关系提供了新的思路。

基于课题组高压电学测量的优势,2017 年笔者开始对三维杂化钙钛矿 $CsPbI_3$ 进行结构和低温电学研究。2014 年,Karunadasa 等人用吸收光谱和四电极法(EDBE)对 $CuCl_4$ 的带隙和电导率随压力的变化进行了测量。在实验中发现,$CuCl_4$ 的带隙随着压力的变化,从常压的 2.5 eV 一直减小到 39.7 GPa 时的

1.0 eV。在7.0~51.4 GPa范围内,电导率提高了5个数量级,最终达到2.9×10^{-4} S·cm^{-1},可能受到粒子间的不良接触或晶界电阻的限制,样品仍未达到金属态。2015年,王永刚等人发现$MAPbBr_3$在2 GPa以下发生了两次相变,25 GPa完全非晶化。非晶化之后电阻率提高了5个数量级,仍然保持半导体的状态,如图1.14所示。随后,高春晓课题组通过原位交流阻抗测量发现:$MAPbBr_3$在3.3 GPa时发生了从离子导电到电子导电的转变。

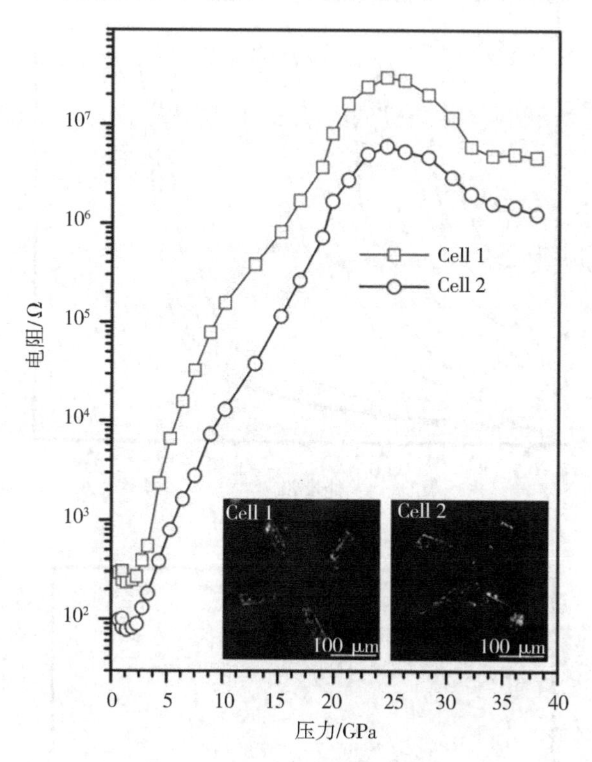

图1.14 $MAPbBr_3$的电阻随压力变化

与此同时,Karunadasa课题组又对$MAPbI_3$的导电性质进行了研究。在接近常压时,$MAPbI_3$的电导率为1×10^{-3} S·cm^{-1};当压力升到47 GPa时,电导率随温度的变化出现Arrhenius行为,传导活化能为19.0(8) meV,与室温下的$k_B T$相当;当压力升高到51 GPa时,传导活化能降低至13.2(3) meV,表明该材料已经接近金属态。随后他们用原位高压吸收光谱测量发现$MAPbI_3$的带隙在高压力下持续降低,如图 1.15(a)和图 1.15(b)所示。红外反射光谱显示 60 GPa 的低能量处(小于 2 eV)出现了类似德鲁德模型的现象,即反射率急剧升高,如图 1.15(c)所示,从光学上证明了 $MAPbI_3$ 由半导体转变为金属态。随后的变温高压直流四电极电导率测量结果显示,$MAPbI_3$ 在 62 GPa 出现金属电导率与温度的强关联效应,如图 1.15(d)所示,实现了金属化。

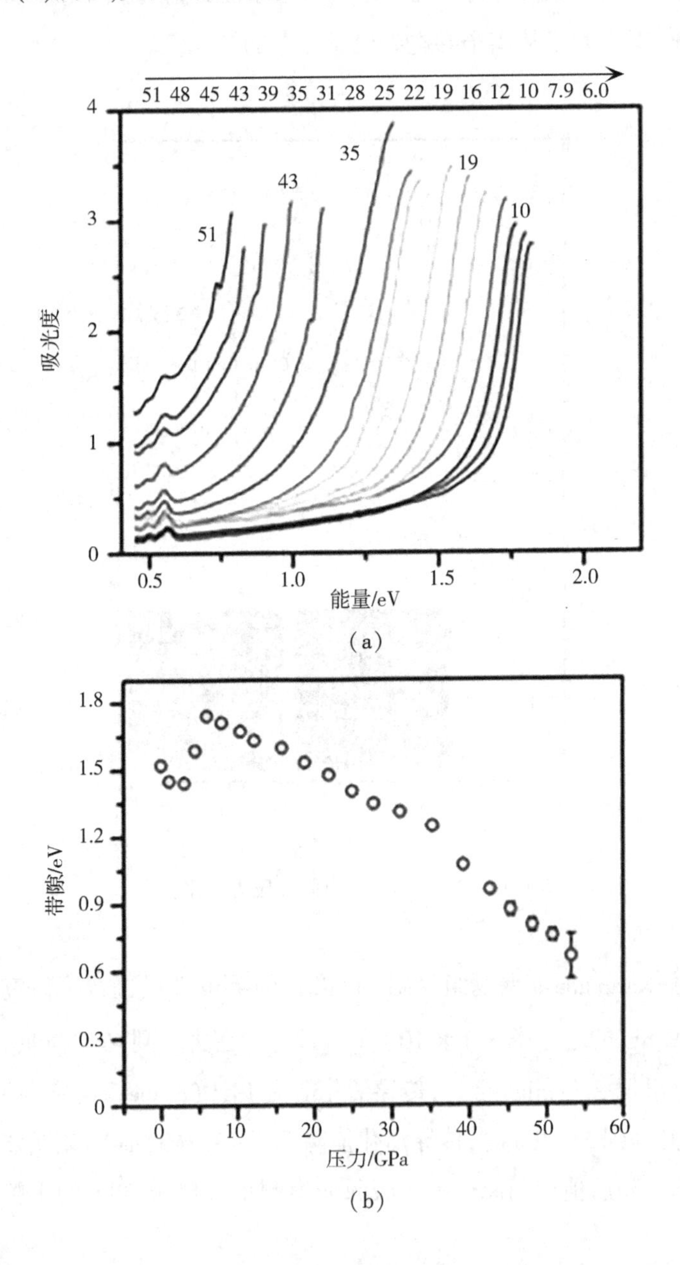

(a)

(b)

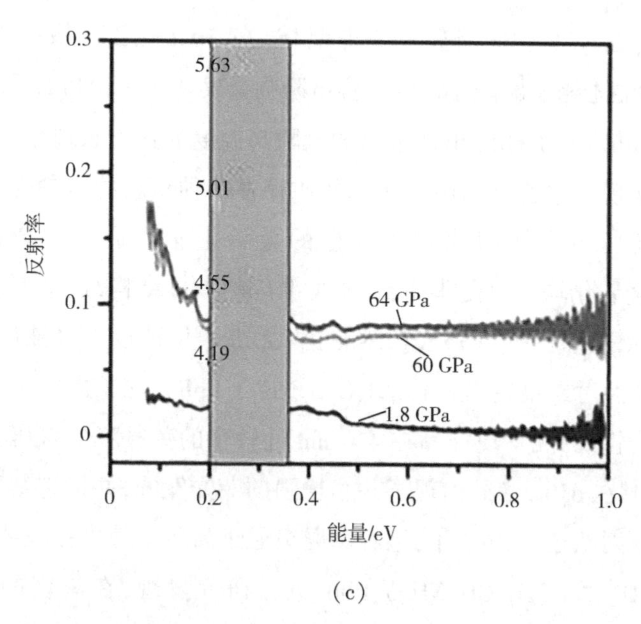

(c)

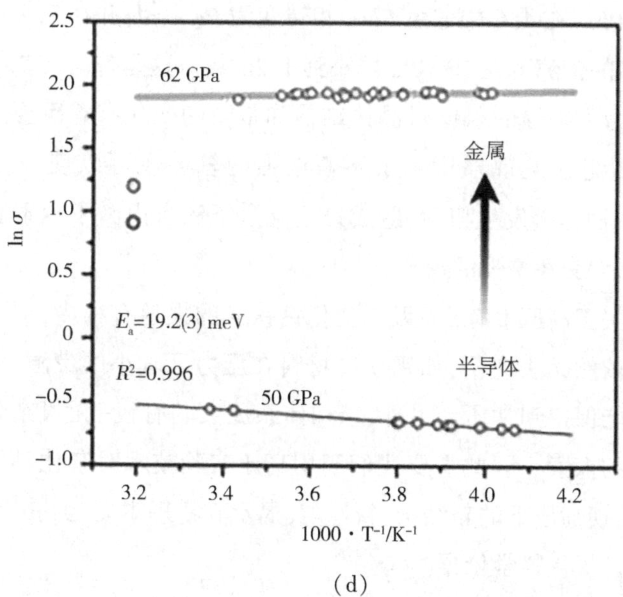

(d)

图 1.15　(a) $MAPbI_3$ 在可见光和红外光下的原位高压吸收光谱；(b) 带隙随压力增加而红移；(c) $MAPbI_3$ 的红外反射光谱；(d) $MAPbI_3$ 在 50 GPa 和 62 GPa 下电导率随温度的变化

2017 年宋阳等人用原位高压 XRD 和变温高压电学实验对 $FAPbI_3$ 进行综

合探究，$FAPbI_3$ 在 4.5 GPa 时转变为非晶体，在 5 GPa 之后，α- $FAPbI_3$ 和 δ- $FAPbI_3$ 的常温电阻不断减小。经变温电阻测量发现，α- $FAPbI_3$ 和 δ- $FAPbI_3$ 分别在 53 GPa 和 41 GPa 出现金属的电阻与温度的强关联现象，实现金属化。金属化的实现标志着金属卤化物钙钛矿存在一种全新的传输性能。不过到目前为止，高压下金属卤化物钙钛矿的金属化压力通常比较高（大于 41 GPa），而且金属化均发生在非晶态，缺少准确的晶体结构，这些严重制约了其金属性在实际中的应用。另外，二维有机-无机杂化钙钛矿也被广泛研究。2019 年，邹勃等人对二维钙钛矿 $(C_6H_5C_2H_4NH_3)_2PbBr_4$ 在压力作用下的光学性质进行了综合性探究，发现样品在 416 nm 处较窄的荧光峰随着压力增大逐渐减弱，4 GPa 时在 650 nm 处出现了一个增强的荧光宽峰，并把它解释为激子在自陷态下的辐射跃迁。2020 年，笔者课题组通过高压紫外可见吸收、红外以及同步辐射 XRD 对 $(C_6H_5CH_2NH_3)_2PbI_4$ 进行研究发现，在氢键的作用下，$(C_6H_5CH_2NH_3)_2PbI_4$ 在 4.6 GPa 由 *Pbca* 相转变为 *Pccn* 相，并在 7.7 GPa 发生等结构相变，样品的带隙也在 20 GPa 减小到 1.26 eV。这是首次在二维杂化钙钛矿中发现在压力下增强的氢键对晶体结构和带隙的变化有着重要作用。除此之外，笔者课题组还发现在压力下不断增强的氢键还可以使一维钙钛矿 $EAPbI_3$ 的 PbI_6 八面体链发生扭曲，造成自陷态激子和自由激子辐射跃迁的竞争，形成峰 1 和峰 2 交替增强的现象。

尽管近年来关于高压下有机-无机杂化钙钛矿的报道有很多，但是很多高压下优异的性质依然无法应用，如钙钛矿材料在压力下减小的带隙、增强的荧光和电导率并不能保持到常压。另外，结构体系庞大的有机-无机杂化钙钛矿也并未得到充分的探索。因此需要我们利用高压实验技术对杂化钙钛矿材料做进一步探究，发现高压下的新结构、新性能，揭示其物理本质，为获得稳定、高效钙钛矿光电器件提供科学依据。

1.4 本书研究内容

本书选取了典型的三维无机杂化钙钛矿 $CsPbI_3$、二维有机杂化钙钛矿 $(PA)_8Pb_5I_{18}$ 和 $(PMA)_2PbI_4$ 以及一维钙钛矿 $EAPbI_3$ 作为研究对象，研究了它们在高压下的晶体结构、光学性质及电学性质，获得了创新性成果，从而对杂化钙钛矿体系有了更深入的认识，为新型钙钛矿材料的设计提供了新的途径和思路。通过紫外可见吸收、红外反射、变温高压四电极电阻测量、同步辐射 XRD 等实验及第一性原理计算，笔者发现 $CsPbI_3$ 从 6. 9 GPa 的 *Pnma* 相经过混相在 18. 1 GPa 完全转变成 *C2/m* 相，且伴随着 PbI_6 八面体构型的严重扭曲及 12% 的体积坍塌。此外，$CsPbI_3$ 的电阻率随压力不断减小，在 39. 3 GPa 发生了绝缘体到金属的转变，基于第一性原理计算确定了这种转变是由 PbI_6 八面体结构的反常变化引起的，并阐明了带隙减小和压致金属化的内在机制。这是首次发现金属卤化物钙钛矿具有新型有序金属相，它是一种全新的物质。$CsPbI_3$ 有序金属相的发现为钙钛矿家族增加了新的成员。

在对二维有机杂化钙钛矿 $(PA)_8Pb_5I_{18}$ 进行高压荧光研究时发现，在 3. 5 GPa 时其荧光增强了 80 倍。随后在高压紫外可见吸收、同步辐射 X 射线衍射和时域荧光光谱实验中发现，在压力的作用下，PbI_6 八面体无机层和丙胺分子之间的氢键可以通过牵引 PbI_6 八面体沿着 I_2-I_4 轴向面外倾斜，通过激子与晶格的耦合增加自陷态深度俘获更多的激子，最终增大了自陷态的辐射跃迁概率。通过紫外可见吸收光谱发现，在 20. 1 GPa 时，带隙缩小到 1. 26 eV，已满足肖克利-奎伊瑟极限，这是获得更好的光伏性能的一个理想趋势。二维钙钛矿结构独特的夹层结构在压力下容易发生结构形变。在这一过程中，同步辐射 X 射线衍射分析结果显示出，压力诱导 $(PMA)_2PbI_4$ 发生 *Pbca*→*Pccn*→*Pccn* 相变，这是在本书的研究中首次发现的。第一次相变是在 4. 6 GPa 时 *Pbca* 到 *Pccn* 转变，伴随着 5. 45%的体积塌缩，其特征是 PbI_6 八面体骨架的畸变和 Pb—I—Pb 键角的减小。第二次相变伴随着 7. 7 GPa 时 3. 55%的体积崩塌。因此，笔者认为 7. 7 GPa 时的第二次相变是一个等结构相变。傅里叶变换红外光谱表明，压力诱导氢键增强对晶体结构和带隙有很大的影响，特别是与其他类似的有机-无机杂化钙钛矿 $(C_6H_5CH_2NH_3)_2PbI_4$ 相比。更重要的是，笔者通过调节氢键的相互作用优化了钙钛矿材料的性能，以减少八面体畸变，提高结构稳定性，为二维钙钛矿的应用设计提供了科学依据。

第2章 金刚石对顶砧装置原位高压实验测量技术

2.1 高压实验技术和方法发展简介

我们所说的高压实验是指在高于标准大气压环境下进行的实验。这里的高压实际上是指压强,即单位面积上所受的压力,以帕斯卡(Pa)为国际通用单位。此外,高压科学还把bar、GPa作为常用单位,1 GPa = 10^4 bar = 10^9 Pa。高压在我们的生活中随处可见,从小到压力只有1.9 bar的高压锅大到压力达到1000 bar的海底。

高压物理作为一门新兴学科,离不开实验技术和实验方法的不断发展。最早的高压科学实验可以追溯到200多年前英国的科学家约翰·坎顿的压缩水实验。在这之后,高压实验技术不断积累和发展。到1908年高压科学开始步入布里奇曼时代,他设计的布里奇曼压砧和活塞-圆筒设备压力可以达到20 GPa以上,推动了高压电阻、X射线衍射和光学实验的发展,并发现了固体材料在高压下的许多新现象,对高压科学的发展做出了巨大贡献。20世纪50年代,随着人造金刚石的出现,劳森和Tang等人首次设计出了金刚石压腔装置,并将其与X射线粉末衍射和红外吸收相结合。从此高压科学迈入了金刚石对顶砧装置(DAC)时代。20世纪70年代,毛河光等人将带倒角的金刚石应用到他们设计的Mao-Bell型压机上,并产生了170 GPa的压力。目前,DAC装置可以营造出高达600 GPa压力和6000 K高温的环境。与此同时,高压还可以和多种实验技术相结合,如中子衍射、同步辐射、红外、拉曼、电学等,使高压实验技术得到了极大的推广。到目前为止,已经形成了以DAC高压实验技术为核心,囊括了光学、电学、磁学以及热学的高压物理学。随着科学技术的不断发展以及高压实验技术的日益完善,高压物理学将呈现出越来越广阔的发展空间。

2.2　金刚石对顶砧装置

2.2.1　金刚石对顶砧装置的原理及组成

金刚石对顶砧装置的发明为现代高压物理学取得的成就做出了突出贡献。它是产生静高压的重要装置之一,并广泛应用于多种复合条件下的高压实验研究,其工作原理如图2.1所示。

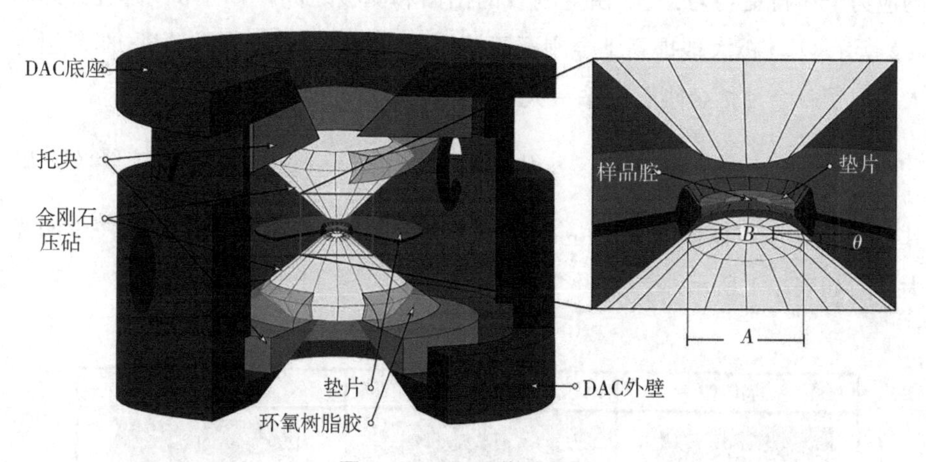

图2.1　DAC工作原理图

DAC是由DAC底座、DAC外壁、托块、金刚石压砧、垫片、标压物质以及传压介质组成的。DAC外壁和底座为套筒结构,主要是限定金刚石沿轴向运动。托块主要是为了固定金刚石,并将轴向施加的压力传导到金刚石上。金刚石用来对物质直接加压。上下两个金刚石之间是密封垫片,它可以被金刚石压出凹槽,在凹槽中打一个直径小于金刚石砧面的圆孔作为样品腔。将样品、标压物质和传压介质一起放入样品腔中,通过螺丝柱驱动的轴向压力施加于垫片,对样品加压。由于金刚石的砧面通常在百微米以下,所以会对样品腔施加很高的压力。目前 DAC 装置产生的压力可以达到 640 GPa。

(1)金刚石压砧

金刚石压砧是 DAC 装置的核心部位,需要具有较弱荧光效应和较低折射率的宝石级单晶制作。它具有硬度高、导热性好、耐磨等优异的性质,被誉为“硬度之王”。我们之所以选用金刚石作为压砧,除了因为它具有超高的硬度外,还因为它对 X 射线、γ 射线乃至从紫外、可见直到远红外光都具有非常高的透过率。利用金刚石优异的光学窗口,再结合多种实验手段(X 射线衍射、拉曼散射光谱、红外光谱、布里渊散射)可以探测 DAC 中的样品在原位高压下的结构与性质的变化。常用的金刚石砧面一般为十六边形,质量从 1/8 至 1/2 克拉(25~100 μg)不等,厚度约为 3 mm,底部面积为 4~13 mm^2,砧面可根据实际实验需要切割成直径为 20~700 μm 的圆。为使金刚石的砧面在高压实验中受到的应力分布得更均匀,人们在金刚石的砧面和侧棱之间使用了倒角工艺,如图 2.2 所示,因此极大地提高了金刚石压砧的压力极限。根据力学原理,邓斯坦等人提出了一个预估金刚石压砧最大压力的经验公式:

$$P_{max} = \frac{12.5}{d^2} \tag{2-1}$$

其中,d 为金刚石砧面的直径(mm)。根据公式,金刚石砧面大小和能产生的最大压力如表 2.1 所示。

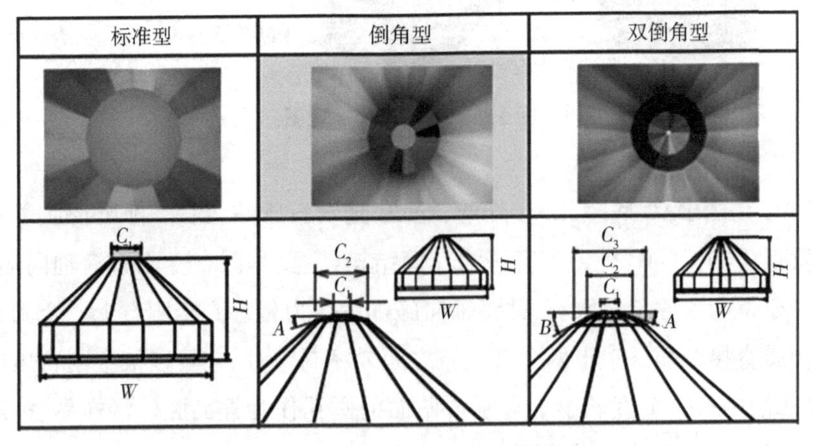

图 2.2 金刚石砧面及其倒角工艺示意图

表 2.1　金刚石砧面与对应的最大压力

d/mm	0.7	0.6	0.5	0.4	0.3
P_{max}/GPa	26	35	60	78	138

金刚石根据氮含量的不同,可以分为Ⅰa 型和Ⅱa 型。Ⅰa 型金刚石氮含量为0.1%~0.3%,微黄,是最为普通的金刚石,占天然金刚石总产量的98%,导电性不佳但韧性较高,可用于同步辐射衍射实验。Ⅱa 型金刚石含氮极少或几乎不含氮,产量极低,具有良好的导热性和较低的荧光,更适合用于红外、拉曼及荧光光谱测量,因为金刚石的荧光对样品信号干扰更小。

(2)压机

压机在 DAC 装置中起着十分重要的作用,它可以保证金刚石砧面在加压状态下始终处于平行对中,这是保证金刚石安全的必要条件。下面介绍几种常见的 DAC 装置。

Merrill-Bassett 型压机是美林和贝塞特在 1974 年设计的。如图 2.3 所示,首先上下两部分三角形压机腔体构成了 Merrill-Bassett 型压机的主要部分,然后用黑胶把金刚石固定在金属托块上,两个托块被三个顶丝固定在三角形腔体内,调节顶丝使上下两个金刚石的砧面达到平行对中,最后通过调节三个内六角螺丝杆的松紧度实现对样品的加压和卸压。三个导销的作用是确保加压时上下两部分压机腔体始终沿着竖直方向移动,避免实验过程中对金刚石的损伤。这种压机体积小,结构紧凑,适用于低温拉曼、红外以及电学等仪器,无须对仪器进行较大改动。由于 Merrill-Bassett 型压机是开放式的,如果用金属铍制作压机,在进行 X 射线衍射时可以收集到更大角度的散射信号。

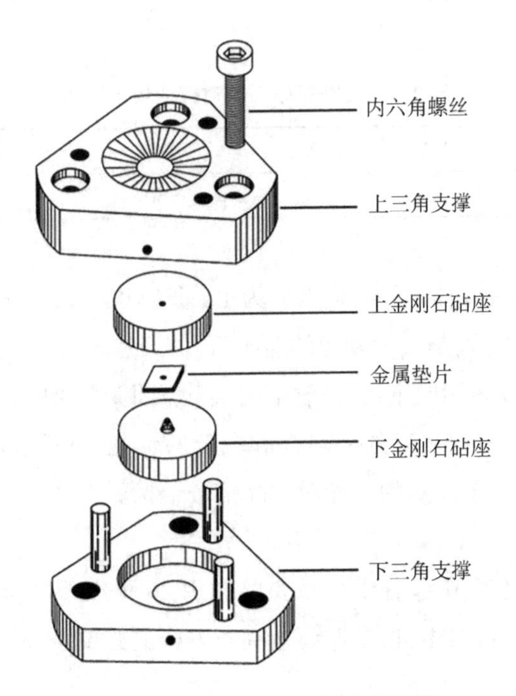

图 2.3 Merrill-Bassett 型压机结构图

图 2.4 是四柱型压机的结构图。它是在 Merrill-Bassett 型压机的基础上改进的,配备四根加压螺丝柱。但与 Merrill-Bassett 型压机不同的是,四柱型压机有四个导销,更容易控制平衡。螺丝柱分别为一对左旋螺丝柱和一对右旋螺丝柱。左旋螺丝柱和右旋螺丝柱呈中心对称放置,这种结构的优点是,只要保持每次加压的左旋螺丝柱和右旋螺丝柱具有相同的旋进量,加压过程中金刚石压砧的压力分布就更均衡,减小了由于压力梯度过大而导致金刚石压砧发生损伤的可能性。四柱型压机同样为开放性的结构,因此有较大的空间来布置加热电阻丝或冷凝装置。因此,四柱型压机多应用在气体样品液化、气体传压介质的装填以及布里渊散射研究中。

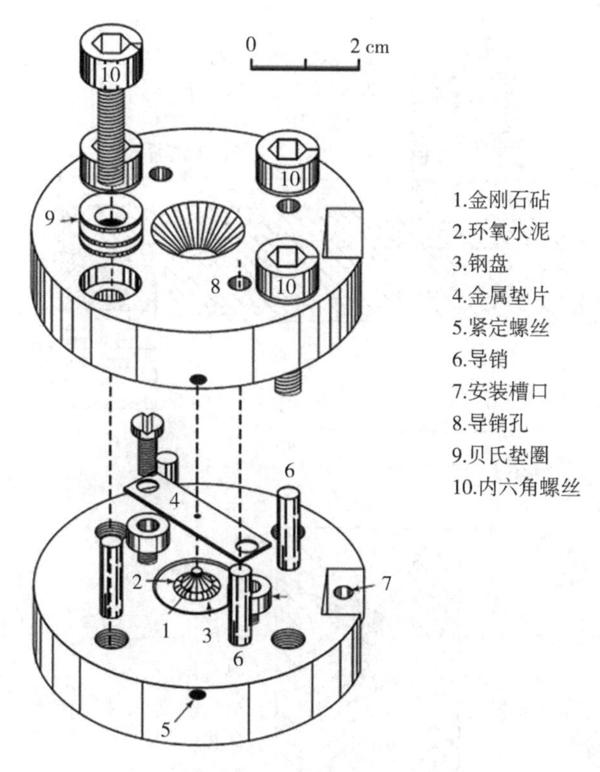

图 2.4　四柱型压机结构图

Mao-Bell 型压机是毛河光和贝尔在 1978 年设计出来的。Mao-Bell 型压机的主体为杠杆臂之比为 5∶1 的省力杠杆,杠杆一端连接着套筒和推力块,另一端是驱动螺丝。拧紧驱动螺丝会对金刚石压砧产生挤压作用(图 2.5)。经过实验,Mao-Bell 型压机创造了当时 170 GPa 的压力纪录。Mao-Bell 型压机只需驱动一个螺丝便可以利用杠杆原理实现压力的均衡分布,减小了多个螺丝旋进量不同带来的误差。后来人们通过增加二级杠杆臂对 Mao-Bell 型压机进行了改进,使杠杆臂之比达到了 15∶1,可以轻松实现更高的压力。因为 Mao-Bell 型压机系统可加载的压力高,并且具有 95°的开角,所以被广泛应用于 X 射线衍射、拉曼光谱等研究中。

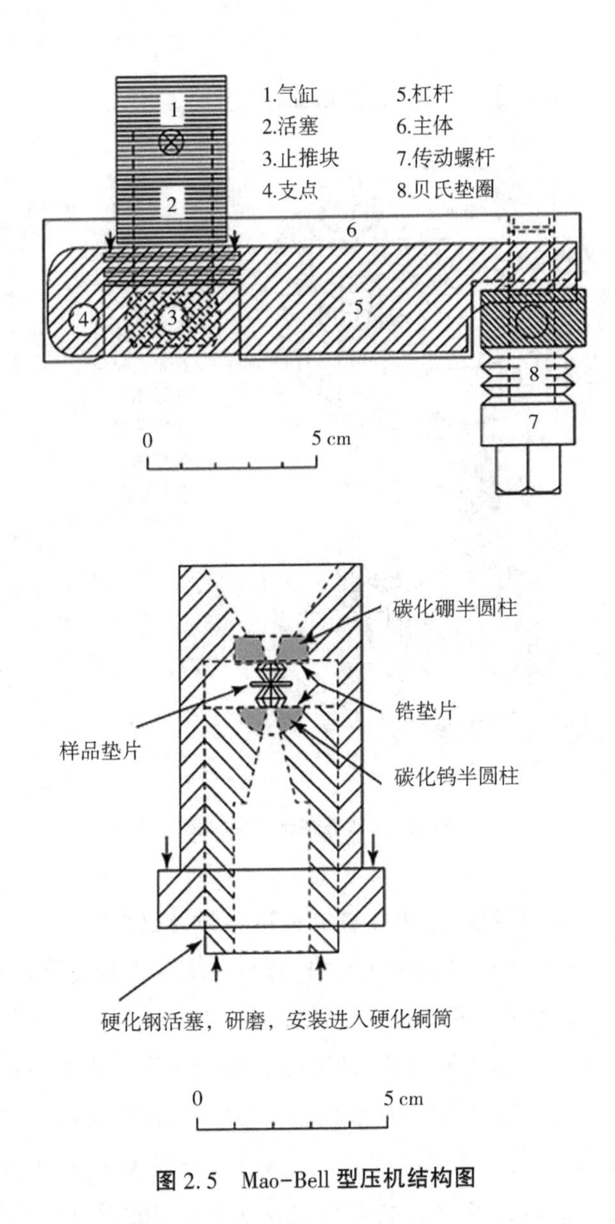

图 2.5 Mao-Bell 型压机结构图

图 2.6 为活塞圆筒压机的结构图。它集中了 Mao-Bell 型压机的活塞圆筒结构和四柱型压机中两对左旋螺丝柱和右旋螺丝柱的加压方式等优点。与四柱型压机相比,活塞圆筒结构贴合更紧密,能有效减轻加压过程中的晃动。加压螺丝柱上分布交替放置的凹状碟片,在加压时形变的碟片可以控制压力的均衡性。这种兼顾稳定性和均衡性的设计方式大大增加了金刚石在高压实验中

的安全性。同时活塞圆筒压机还保留了 Merrill-Bassett 型压机紧凑、小巧的优点。在托块的设计方面,为了获得更大角度的衍射信号,同时兼顾压机的整体强度,最终将托块开角设计为 60°,使高压拉曼、XRD、红外光谱信号采集变得十分便利。同时在侧边留有较大开口,当使用铍垫片时可以进行更大角度的同步辐射 XRD 实验研究。目前它已成为使用最广泛的 DAC 装置。

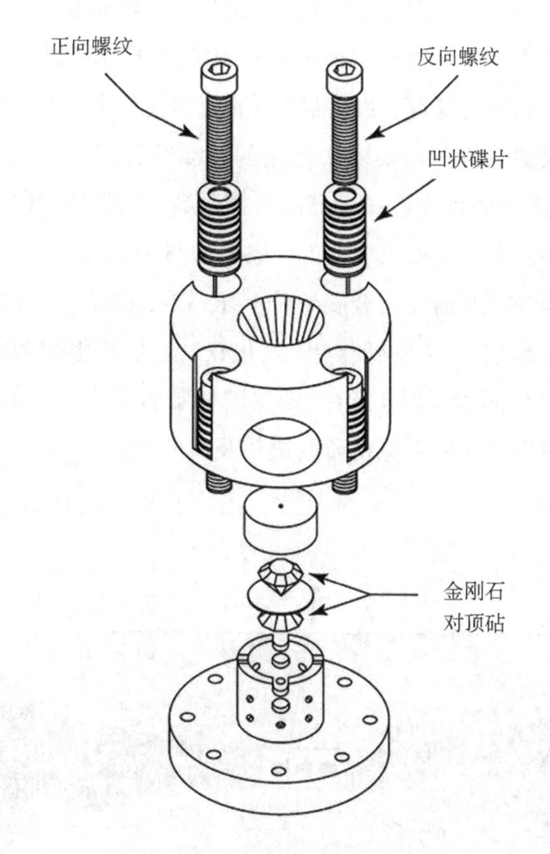

图 2.6　活塞圆筒压机结构图

(3)密封垫片

密封垫片是指放置于两金刚石砧面之间的片状材料,通常是厚度为 250 μm 的金属片,如图 2.7 所示。在高压下,金属垫片会发生形变,形成一个砧面形状的凹槽,凹槽边缘会形成一个较厚的环状凸起(黑色部分)。在金属垫片凹槽上打一小孔，和金刚石砧面共同构成样品腔。在早期的高压实验中，由于没有垫片，人们通常将固体样品直接放在两颗金刚石砧面之间进行加压。在高压条件下金刚石中心压力高，边缘压力低。由于压力梯度的存在，加压时样品会被挤出砧面，出现两颗金刚石砧面直接接触的情况，以致金刚石砧面经常出现损坏，实验压力一直比较低，实验样品也局限为固体样品。直到 1965 年瓦尔肯伯格提出在金刚石压砧中使用封垫材料，高压实验探究的样品才从固体拓展到液体和气体，此后才真正意义上进入高压时代。密封垫片的引入是高压实验技术上一次意义重大的突破。密封垫片对施加的压力起到缓冲的作用，极大地改善了样品腔内的压力梯度，使样品受到的压力更均匀。同时金属垫片的环形凸起可以支撑保护金刚石。实验中使用的金属垫片除了不能和样品发生化学反应外，还要有良好的延展性和较高的摩擦系数，一般为 T301 不锈钢、钨、铼等金属。随着实验复杂性的提高，人们对垫片的材料和结构进行了不断优化。例如，在高压电学实验中，需要在金属垫片上压一层绝缘层，达到电极和金属垫片绝缘的目的。绝缘层可以是氧化铝、氧化镁、立方氮化硼或硫酸钙。在从 DAC 径向进行的高压同步辐射实验中，金属铍材质的垫片对 X 射线具有良好的透过性。表 2.2 列出了几种常见材质的垫片及其特点。

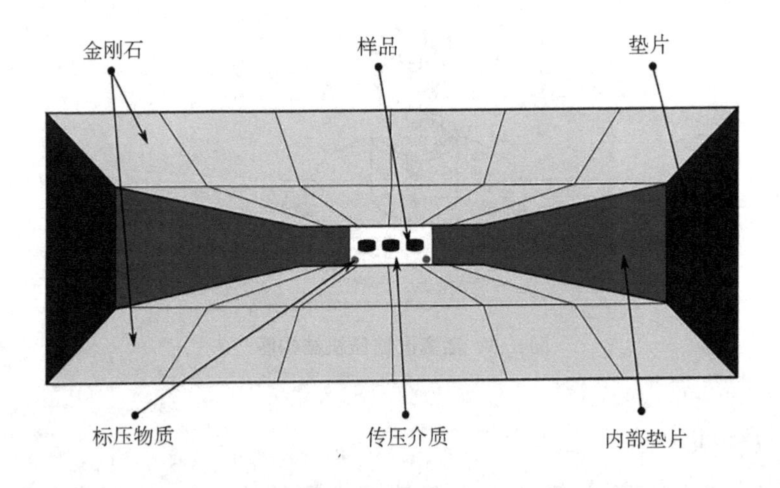

图 2.7　两金刚石砧面和密封垫片形成的样品腔

表 2.2　几种材质的垫片及其特点

垫片的材质	特点
T301 不锈钢	价格便宜,易发生形变,不适合超高压研究
钨	硬度较大,低温下比较脆,易断
铼	硬度高,可用于超高压研究,XRD 衍射峰较强
立方氮化硼	硬度高,绝缘性好,适合电学研究,但价格昂贵
铍	对 X 射线有较好的穿透性,质地软,适合低压实验

(4)传压介质

在 DAC 装置中,金刚石只能沿轴向将压力施加于样品上,压腔内压力梯度的存在会造成样品在不同方向上承受的压力不均匀。这种非静水压环境会使样品在高压下的行为变得异常复杂。在 DAC 装置中实现静水压的关键是寻找理想的传压介质。理想的传压介质应具备以下特征:化学性质稳定、压缩率低、剪切强度为零、扩散性和渗透性低、黏滞系数为零、成本低、操作容易。传压介质有固态、液态和气态。常用的固态传压介质有氯化钠、溴化钾、叶蜡石等。它们具有极低的压缩率、较差的渗透性、容易封装等特点。由于固体传压介质静水压较低,常用于高温高压实验。常见的液态传压介质有硅油,甲醇、乙醇的混合溶液(体积比 4 : 3)以及甲、乙醇、水的混合溶液(体积比 16 : 3 : 1)。这几种液态传压介质对 X 射线衍射和光谱测量没有影响,并且制备方法简单,封装也较为容易,已在 DAC 静高压实验中广泛应用。惰性气体化学性质稳定,并且具有良好的静水性,可以作为理想的传压介质。常见的气态传压介质主要有 He、Ne、Ar、H_2、N_2 等,但是它们的密封通常需要在低温或者气体压缩装置中进行,实验操作比较困难。表 2.3 列出了常用传压介质的固化压力和准静水压范围。

表 2.3 各类传压介质的固化压力和准静水压范围

传压介质	固化压力/GPa	准静水压范围/GPa
甲醇、乙醇、水溶液	14.6	0~20
甲醇、乙醇溶液	10.4	0~20
硅油	1.5	0~12
He	11.8	0~60
Ne	4.7	0~16
Ar	1.4	0~9
N_2	2.4	0~13
H_2	5.7	0~60

2.2.2 压力的标定

在高压实验中,样品腔内压力的标定是个至关重要的问题。压力的标定方法可分为初级测量法和次级测量法。初级测量法是指使用压力仪表直接对压力进行测量。这种方法并不适用于 DAC 装置,由于金刚石对顶砧压机的样品腔体积非常小,腔内压力较高,很难进行直接测量。次级测量法是指在样品腔内放入测压物质,通过对测压物质特定物理参数的测量,对压力进行标定。这种方法需要根据物质特定的物理参数随压力的变化规律来确定。DAC 装置中常用的次级测量方法有相变法、状态方程法和光谱法。

(1)相变法

一些物质在高压下的相变曲线已经被确定。当物质发生相变时,我们就能得知样品腔内的压力。例如,冰具有丰富的相变,其相变压力已经被确定。因此,在常温下,我们可以利用水向冰的相变来确定样品腔内的压力。常用的物质还有石英和氢氧化镁。但是这种方法仅能标定样品腔内特定点的压力,不能实时连续地监测压力的变化。

(2)状态方程法

利用物质的状态方程来测量高压实验中的压力在 X 射线衍射实验中很常用。首先,我们根据在压力下测量得到的 X 射线衍射谱计算晶胞体积和晶格参数,然后将得到的晶胞参数代入状态方程曲线即可计算出压腔内的压力。常用的标压物质有 Au、Pt 和 NaCl 等。在选择标压物质时要注意：标压物质不能与样品发生化学反应；标压物质对压力变化敏感，压缩率大；状态方程是已知的；衍射谱线的数量少且强，标压物质的衍射峰不与样品的衍射峰重叠；等等。

(3)光谱法

在压力作用下，一些物质对压力变化敏感且易于探测，我们根据这些性质随压力的变化情况来测定此时的压力。例如，红宝石在激光激发下会产生两个较强的荧光峰，分别位于 694.2 nm(R_1 线)和 692.8 nm(R_2 线)(图 2.8)。较强的 R_1 荧光峰在压力下会发生移动，它的偏移量与压力满足如下关系：

$$P = 380.8 \times \left[\left(\frac{\Delta\lambda}{6942} + 1\right)^5 - 1\right] \tag{2-2}$$

其中，$\Delta\lambda$ 为 R_1 峰的波长相对于常压时的偏移量。这种标定方式在 55 GPa 内误差小于 2%，但在更高的压力下它所标定的压力明显偏低。在超过 200 GPa 的超高压实验中，样品腔直径一般小于 20 μm。在如此小的空间中放入微量的标压物质是十分困难的，同时标压信号也非常弱。这种情况下可以利用金刚石压砧的荧光峰进行标压，并且误差非常小。

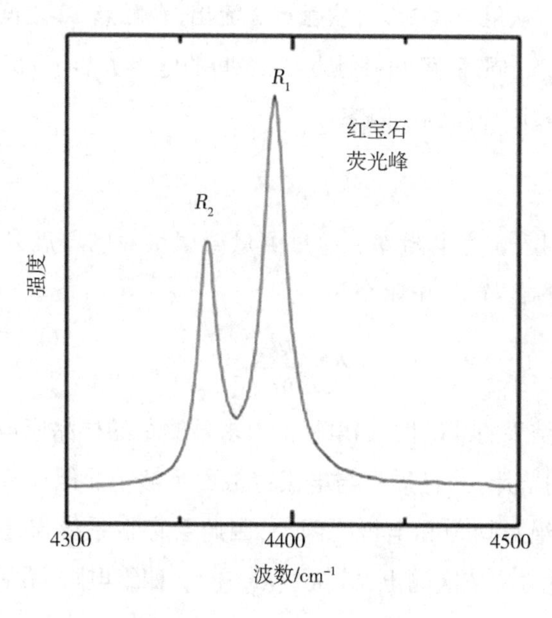

图 2.8　红宝石的荧光峰

2.3 本书涉及的原位高压实验测量技术

金刚石具有良好的光学窗口,对紫外可见光、红外光以及同步辐射 X 射线均具有很好的透过性。由此发展起来的高压电学、磁学、光学、热学测量已成为高压物理学的重要研究手段。本书主要使用了交流阻抗谱法、四电极法、红外吸收光谱法、拉曼光谱法、紫外可见吸收光谱法、荧光光谱法、同步辐射 X 射线粉末衍射法等测量技术。下面简要介绍这几种高压实验测量技术的原理。

2.3.1 高压电输运测量技术

(1)四电极法

四电极法是 Van der Pauw 等人在 1958 年提出的一种可以测量任意形状样品电阻率的方法。四电极法在测量电阻时可以消除样品与电极的接触电阻、电极与导线电阻以及电极与导线的结点电阻,因而被广泛应用。测量原理如图 2.9 所示,电流 I_{43} 从触点 4 流入,从触点 3 流出,在触点 12 之间测得电压 V_{12},电阻 $R_{12}= V_{12}/ I_{43}$。同理,可测得触点 23 之间的电阻 $R_{23}= V_{23}/ I_{14}$。由下面的方程可计算出不规则样品的电阻率:

$$e^{\frac{-\pi R_{12}d}{\rho}}+e^{\frac{-\pi R_{23}d}{\rho}}=1 \tag{2-3}$$

其中,d 为样品厚度,ρ 为电阻率。通过测量金属垫片的厚度来获得样品的厚度。对于中心对称的样品,电阻率为:

$$\rho=\frac{\pi d}{\ln 2}R_{12} \tag{2-4}$$

为保证测量结果的准确性,四电极法要求被测量的样品应该是厚度和质量均匀、表面平滑的薄片,并且样品与电极接触面足够小。但在实际测量时很难保证测量样品的绝对均匀和电极无限小,因此会存在系统误差。为了减小误差,笔者按照上述方法依次测出 R_{12}、R_{23}、R_{34} 和 R_{41} 四组电阻,最后取平均值作为样品的最终电阻。

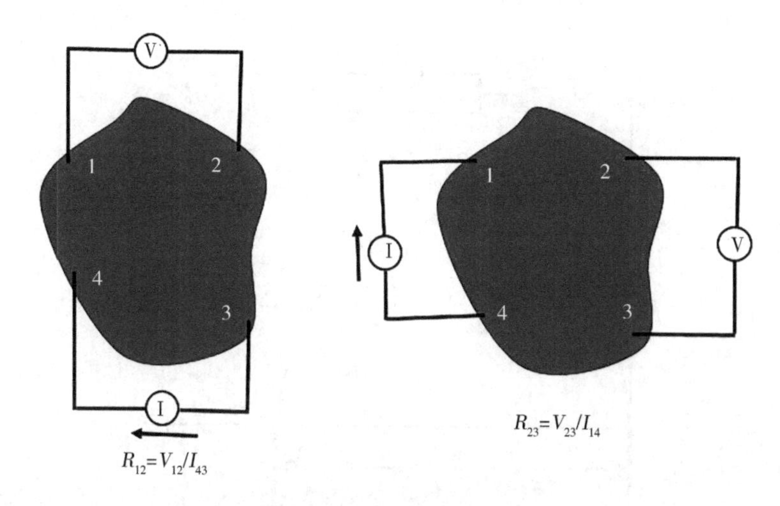

图 2.9　四电极法测电阻原理

(2)交流阻抗谱法

交流阻抗谱法是电化学实验中的方法,它在测量大阻抗材料方面有着很好的表现。当我们对材料施加一个交流电压 $U(\omega)=U_0\sin(\omega t)$ 时,由于偶极阻尼的存在,系统产生的响应信号 $I(\omega)$ 不能和激励电压同步,它们之间会产生一个相位差 θ,即 $I(\omega)=I_0\sin(\omega t+\theta)$。由于相位差的存在,$U(\omega)/I(\omega)$ 不再是常数,而是变成一个随频率变化的复数,称之为复阻抗 $Z^*(\omega)$。当施加一系列频率连续变化的交流电压时,系统会产生随相应频率变化的复阻抗值。因此通过测量交流电压和响应电流的关系,即可得到所测材料的阻抗谱。复阻抗表述成如下形式:$Z^*(\omega)=Z'-\mathrm{j}Z''$。当以 Z' 和 Z'' 分别作为横纵坐标做成 Nyquist 图时,半圆直径的大小便直观地反映出材料阻抗的大小,如图 2.10 所示。

在外加交流电场的情况下,样品可以看作一个可能包含各种电学元件的黑箱。当我们选取合适的电学元件组成一个电路,使这个电路模拟出来的阻抗谱与样品实际测得的阻抗谱相近或相同时,这一电路就被称为该样品的等效电路。组成等效电路的元件称为等效元件。各个电学元件的参数就是该样品对应的物理参数。在对粉末晶体进行测量时,可以将电阻(R)和电容(C)串联起来模拟材料中的偶极弛豫过程。

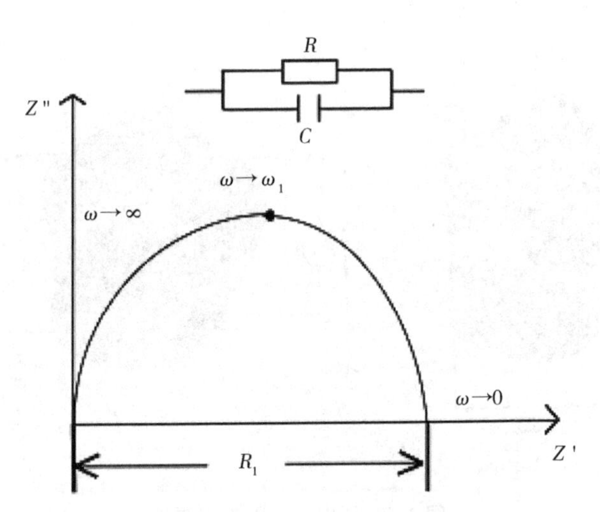

图 2.10 交流阻抗谱的 Nyquist 图及其等效电路

2.3.2 高压反射和吸收光谱

(1)电导率

电导率是衡量材料导电能力的重要参数,同时也是材料的重要光学常数。固体材料各光学常数的实部与虚部之间不是完全独立的,而且各光学常数之间也是相互联系的,只要对材料进行一次反射光谱测量,所有光学常数就都可以通过克莱默-克朗尼格关系得出。因此红外反射成为测量固体材料光学常数的有效方法。

在测量 DAC 装置中样品的反射率时,由于存在金刚石并且它和样品是直接接触的,在测量样品-金刚石砧界面反射率时需要考虑金刚石-空气界面的反射。因此样品-金刚石界面的反射可以表示为:

$$P_{s\text{-}d}(\omega)=\frac{I_{s\text{-}d}(\omega)}{I_a(\omega)}\cdot\frac{I_b(\omega)}{I_0(\omega)} \tag{2-5}$$

其中,$I_{s\text{-}d}(\omega)$、$I_b(\omega)$、$I_a(\omega)$和 $I_0(\omega)$分别为样品-金刚石界面、空气-金刚石界面、空气-金刚石砧界面、空气-金刚石表面的反射强度。为了减小反射率误差,公式(2-5)可以表达为:

$$P_{s-d}(\omega)=\frac{I_{s-d}(\omega)}{I_b(\omega)}\cdot\frac{I_b(\omega)}{I_a(\omega)}\cdot\frac{I_b(\omega)}{I_0(\omega)} \tag{2-6}$$

在放入样品之前,笔者先测得 $I_b(\omega)/I_a(\omega)$ 在常压下的值。之后每加一个压力点都需要分别测量 $I_{s-d}(\omega)$ 和 $I_b(\omega)$ 的值,代入公式计算得到样品在该压力点下的反射率。然后采用 ReFit 软件对样品的反射光谱做进一步处理,得到样品的电导率。

(2)红外吸收光谱法

红外吸收光谱作为一种分子吸收光谱是探测分子内部振动、转动信息的强大工具。连续频率的红外光通过样品,当某一频率对应的能量与分子内部的振动或转动能级相当时,分子就会吸收该能量,使分子振动或转动能级从基态跃迁到激发态。但是,并不是所有的振动或转动能级都能吸收相应的红外光,只有分子振动或转动引起其自身偶极矩变化,并且满足能级跃迁选择定则,才能吸收相应频率的红外光。

本书中所使用的是傅里叶红外光谱仪,如图 2.11 所示。根据波长的不同,红外光谱可分成近红外、中红外和远红外三个波段。本书中主要测量样品中红外波段的红外光谱。因为高压可以调控分子的对称性以及化学键的振动和转动模式,因此将红外光谱与高压实验技术相结合,可以更有效地研究物质分子在高压下的振动-转动光谱信号。例如,样品红外振动峰会移动、劈裂、消失以及出现新峰等。

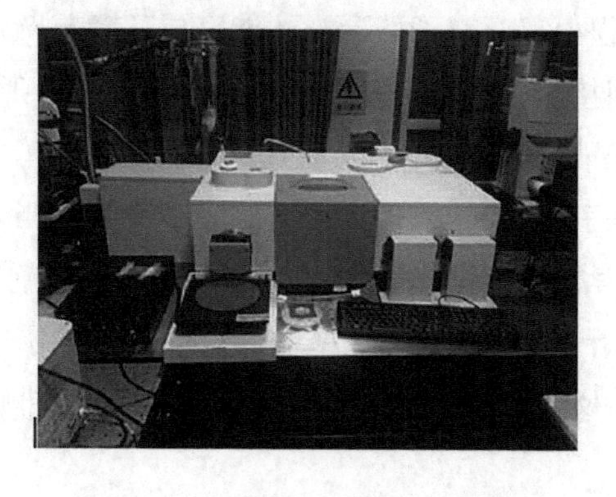

图 2.11　本书所使用的红外光谱仪

(3)紫外可见吸收光谱法

紫外可见吸收光谱在研究半导体能带结构中具有十分重要的意义。在半导体的光吸收过程中,具有一定能量的光子把单粒子从低能级激发到高能级,在半导体的透射光谱上留下特征谱带,研究这些谱带就可以得到半导体中相对应的能量状态和其间的跃迁规则。紫外可见以及红外波段往往是电子从价带跃迁到导带导致产生宽而强的吸收区域,称为强吸收区。这是半导体吸收过程中最重要的部分,吸收系数可达 $10^4 \sim 10^6\ cm^{-1}$。在这一区域吸收系数随光子能量呈幂指数规律变化,所以也叫幂指数区。在这一吸收区的低能端,吸收系数快速降低,仅在10~100 meV之间就可降低3~4个数量级,吸收系数在 $10^2\ cm^{-1}$ 左右,并随着光子能量呈e指数变化,在强吸收区的低能端形成一个陡峭的界限,这是半导体吸收光谱中最突出的特点,被称为吸收边。实际上吸收边可对应于将半导体的电子从价带顶激发到导带底所对应的最小光子能量。在e指数区之后是弱吸收区,吸收系数一般在 $10^2\ cm^{-1}$ 以下。

图2.12(a)和图2.12(b)分别给出GaAs和Ge的吸收光谱。从图中可以看出,这是两种不同的吸收类型,它们对应的带间跃迁方式也不同,分别是电子的直接跃迁和间接跃迁。我们知道,半导体按照费米面附近能带在k空间的位置可分为直接带隙半导体和间接带隙半导体。直接带隙半导体的导带底和价带顶在波矢空间的位置相同。电子吸收光子能量从价带顶跃迁到导带底,可在没有其他粒子参与的情况下完成,称之为直接跃迁,如图2.12(c)所示。间接带隙半导体导带底和价带顶在波矢空间的位置不同。电子吸收光子能量从价带跃迁到导带的过程中需要声子的参与才能完成。参与跃迁的声子必须要满足动量守恒,因此间接跃迁的概率比较小。如图2.12(d)所示,当光子能量较高时,吸收了高能光子能量的电子直接跃迁到和价带顶具有相同波矢空间位置的导带底,不需要声子的参与,表现为较高的吸收系数。当光子的能量不足以使电子直接跃迁到导带底时,声子的参与至关重要,电子释放声子或吸收声子后发生间接跃迁。由于间接跃迁的概率较低,所以Ge的吸收光谱上出现了吸收系数变低的台阶,这就是典型的直接带隙半导体和间接带隙半导体的区别。

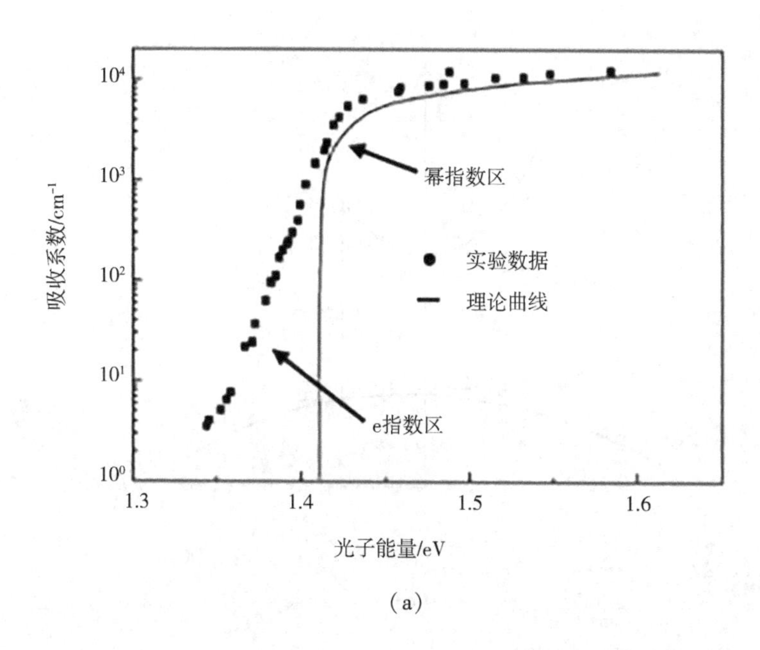
10⁴
10³
10²
10¹
10⁰
1.3
1.4
1.5
1.6
吸收系数/cm⁻¹
光子能量/eV
幂指数区
e指数区
实验数据
理论曲线

(a)

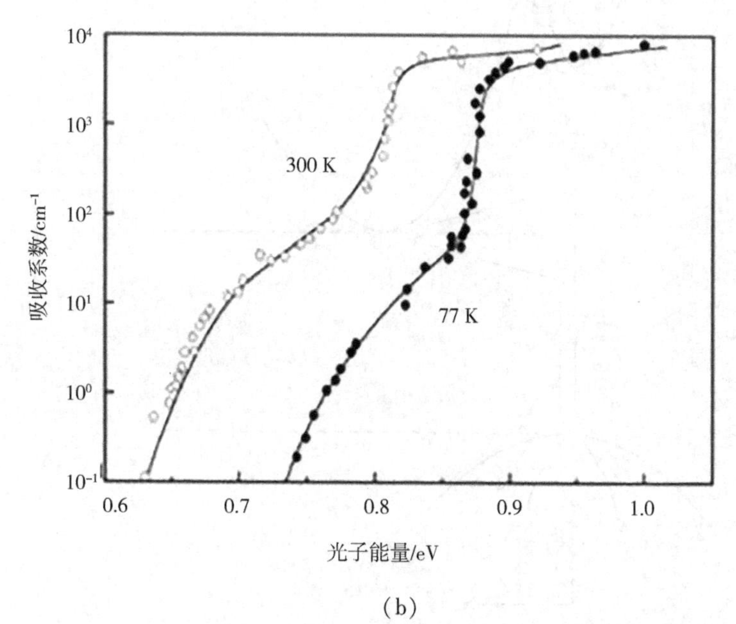
10⁴
10³
10²
10¹
10⁰
10⁻¹
0.6
0.7
0.8
0.9
1.0
吸收系数/cm⁻¹
光子能量/eV
300 K
77 K

(b)

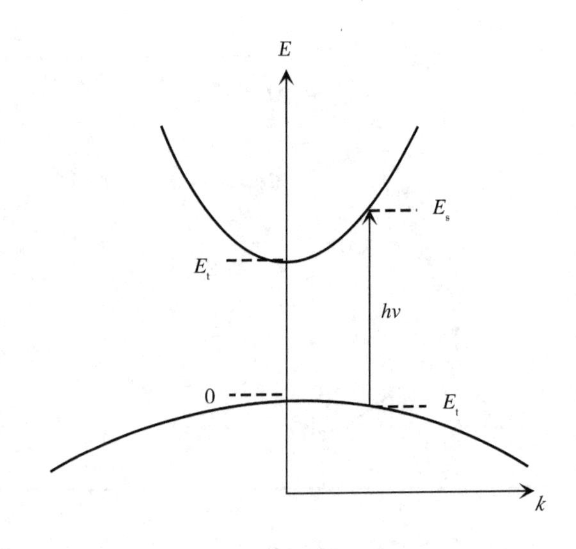

(c)

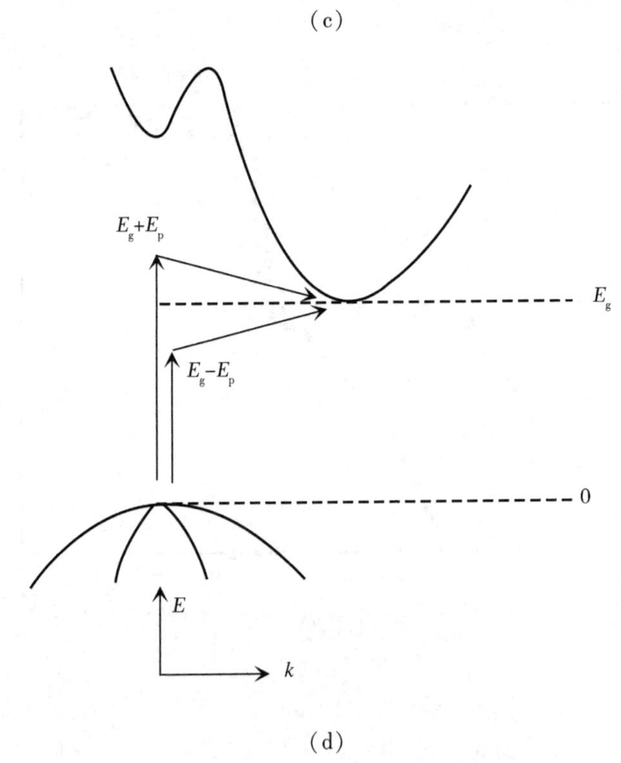

(d)

图 2.12 (a) GaAs 的吸收光谱;(b) Ge 的吸收光谱;
(c) 直接跃迁示意图;(d) 间接跃迁示意图

笔者对有机-无机杂化钙钛矿进行紫外可见吸收光谱测量,研究其带隙结构时,采用的装置如图 2.13 所示。使用氘-卤素灯(DH 2000,26 W)作为紫外可见-近红外光源。信号由 Ocean Optics QE6500 光谱仪收集。使用硅油作为压力传导介质。在测量时,首先将 50 μm×50 μm 的样品装入样品腔,调整光圈和光斑大小。测量每个光谱之前,在样品腔内直径为 40 μm 的空白区域采集一个光谱作为背景,它包含了金刚石和传压介质的信号以及周围环境的干扰。然后,用相同的采集时间和光阑尺寸在样品上采集一个光谱。最后,从样品上测得的光谱中减去背景,以获得样品的真实吸收光谱。

图 2.13　本书使用的紫外可见吸收光谱测量装置

2.3.3　拉曼光谱法

相比于红外吸收,拉曼散射的本质是入射光子场影响了物质原子的感生电偶极矩并由此发生对外辐射的现象。它们都是探索物质内部振动的有效工具。当用光照射物质时,入射光子会与物质原子发生弹性碰撞和非弹性碰撞。发生弹性碰撞时,散色光频率不发生变化;发生非弹性碰撞时,散射光频率会发生变化。这就是我们所说的拉曼散射,如图 2.14 所示。

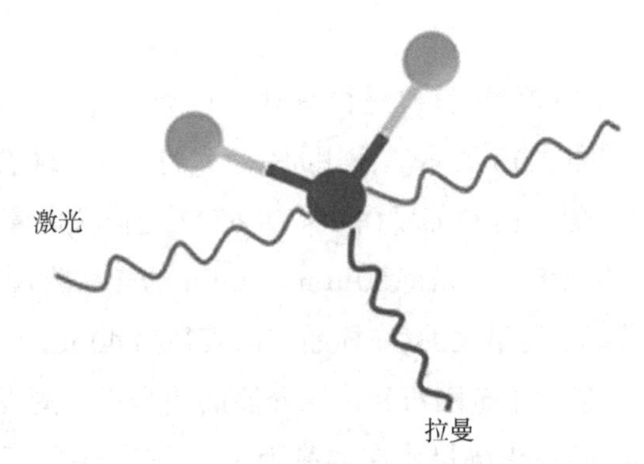

图 2.14 激光与物质相互作用示意图

当用激光照射到物质上时,该物质的原子会对激光产生散射作用。根据采集到的散射光谱,发现在激发波长的两侧各存在一组谱线,无论采用的激发光波长为多少,这两组谱线与激发光的波数差始终保持不变,其位置只与被测量的物质相关。我们可以用光量子图像很好地解释这种拉曼散射现象。假设激发光频率为 ν_0,物质内部基态原子的振动频率为 ν_1,相应的激发光子能量为 $h\nu_0$,原子基态振动能量为 $h\nu_1$。当入射光子与被测物质的原子发生弹性碰撞时,光子与物质原子没有能量变化,会散射出和激发光同频率的谱线,即瑞利(Raylegh)散射。当入射光子与被测物质的原子发生非弹性碰撞时,物质原子由基态激发到能级为 $h\nu_2$ 的激发态。由能量守恒可知,此时激发光损失的能量为 $h\nu_2- h\nu_1$,其散射谱线存在于较激发光频率低 $\nu_2-\nu_1$ 的位置,即斯托克斯线(Stocks line)。如果和入射光子发生非弹性碰撞的原子处在能量为 $h\nu_2$ 的振动激发态,则原子会将能量转移到入射光子,然后原子跃迁回能量为 $h\nu_1$ 的基态,原子的散射谱线会出现在比激发光频率高 $\nu_2-\nu_1$ 的位置, 即反斯托克斯线(Anti-Stocks line),如图 2.15 所示。由于处于基态的原子远多于处在激发态的原子,所以斯托克斯线的强度明显比反斯托克斯线强。

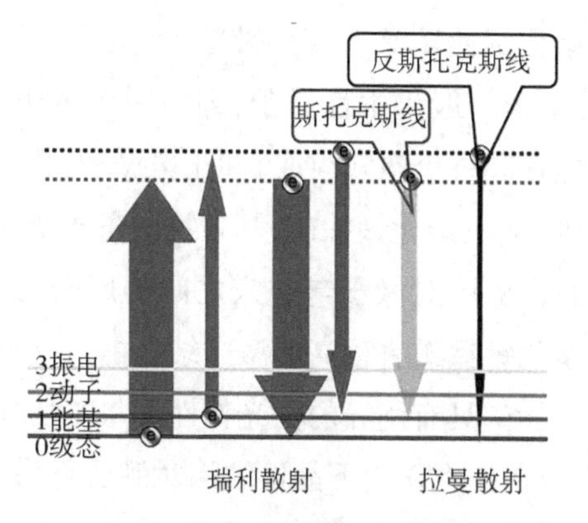

图 2.15　拉曼散射原理图

高压实验技术与拉曼光谱的结合还要追溯到 1968 年,布拉什等人把激光聚焦到样品腔中,并得到很好的拉曼光谱。随着激光和 CCD 信号采集技术的不断提升,高精度的拉曼光谱仪应运而生。根据拉曼散射光谱峰型、峰位随压力的变化,我们可以分析出物质内分子的相互作用以及分子构型在压力下的变化;根据拉曼散射峰的消失或出现可以判断压致结构相变的开始与结束。所以拉曼光谱在高压物理学领域已经成为研究物质相互作用与结构变化的一种有效的手段。本书所用的是 JY-T64000 三级拉曼光谱仪。

2.3.4　荧光光谱法

荧光是指材料中的电子或空穴受到光激发后由基态跃迁到激发态,并立即由激发态退回基态,发出与激发光波长相同或比激发光波长更长的辐射光。发光过程分为激发和发射两步。激发是指材料的外层电子受到特征辐射的激发由基态跃迁至激发态;发射是指处于激发态的电子或空穴以辐射跃迁的形式返回基态,同时发出辐射光。荧光的特点是当激发光停止激发时,发射也立刻停止,而且辐射光的波长不大于激发光波长。对于有机-无机杂化钙钛矿来说,其发光机制为激子复合发光,分别处于价带和导带中的空穴与电子以库仑力的方式结合为中性的激子,电子由导带跃迁到价带时与空穴发生复合并发出辐射光。与绝缘体的分立发光机制不同的是,半导体的发光能级是由排列有序的晶格结构中 B—X 键长和 B—X—B 键角决定的,而不是绝缘体中孤立的原子或离子能级。有机-无机杂化钙钛矿具有直接带隙,其荧光的波长能直接反映其禁带宽度。参与复合的激子一般为中性激子,即由一个电子和一个空穴组成,还有负电激子(由两个电子和一个空穴组成)和正电激子(由一个电子和两个空穴组成)。对于二维有机-无机杂化钙钛矿,其独特的量子阱结构将激子束缚在二维阱中,并且弱极性的有机层对激子与空穴之间的库仑力有很弱的屏蔽作用,因此二维有机-无机杂化钙钛矿有很高的激子结合能。这些独特的结构决定了二维有机-无机杂化钙钛矿具有优异的荧光特性。将高压实验技术与荧光光谱技术相结合便可以实现在压力作用下晶体结构对激子行为的调控。

本书所用的荧光测量系统为 HORIBA SYMPHONY Ⅱ。入射激光通过 50 倍的长焦物镜聚焦到金刚石对顶砧中的样品上。成像系统通过凸透镜和长焦物镜组成一级放大系统,再结合 CCD 自身的放大,最终形成成像系统的放大。样品的荧光可经长焦物镜准直经过滤波片聚焦在光谱仪中,经光栅光谱仪处理后得到荧光信号,如图 2.16 所示。

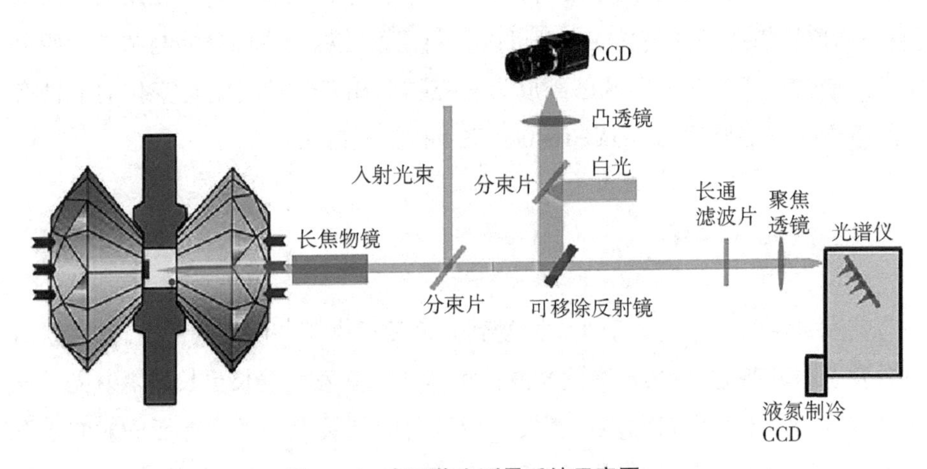

图 2.16　高压荧光测量系统示意图

2.3.5　同步辐射 X 射线粉末衍射法

(1)同步辐射

在同步加速器中,以接近光速运动的带电粒子在磁场的作用下发生偏转时，会在粒子运动的切线方向辐射出电磁波，这种现象被称为同步辐射。这一现象最早是由 Pollack 等人在 1947 年发现的。由于电子的质量远小于其他带电粒子，在加速器中加速电子更容易获得较高的速度，所以加速电子带来的同步辐射效应最为明显。同步辐射光源由于具有较宽的连续光谱、较短的脉冲、极高的亮度以及高准直性、偏振性和较好的相干性等优点，已被作为一种优异的光源而广泛应用在物理、化学、材料和生命科学等领域。

在过去的几十年中，研究人员将高压物理和同步辐射 X 射线紧密结合在一起，特别是第三代同步辐射 X 射线，其亮度达到一般 X 射线的上亿倍，光斑直径可以达到 10 μm，非常适合超高压 DAC 装置中的小样品测量。超高的亮度可以保证在几十微米的样品上仍有很高的衍射强度，有效地解决了 DAC 装置中金刚石对样品信号的强衰减等难题。原位高压同步辐射 XRD 可分为能量色散 X 射线衍射和角度色散 X 射线衍射。其中角度色散 X 射线衍射的分辨率高，波长固定，在 DAC 装置中比能量色散 X 射线衍射更有优势，本书中的同步辐射 XRD 数据均为角度色散数据。当角度色散 X 射线通过 DAC 装置中的样品后，会在 CCD 探测器上形成一个二维衍射环。通过 FIT2D 对衍射环进行积分可得到一维衍射谱，方便后续的数据分析，如图 2.17 所示。

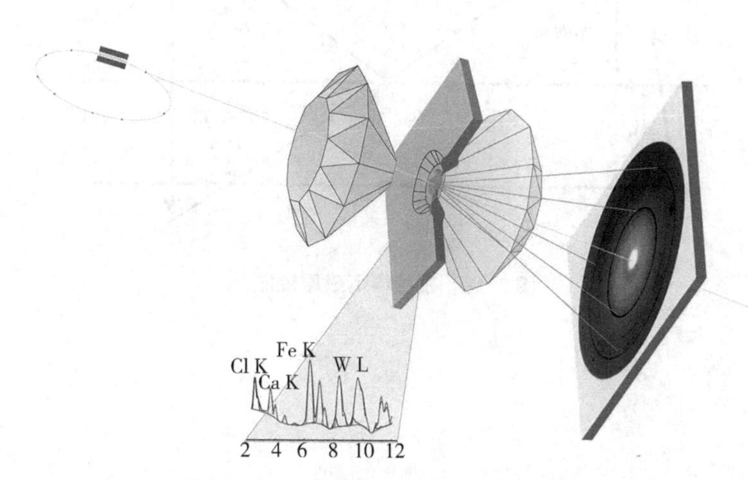

图 2.17　高压同步辐射 XRD 原理图

(2)晶体的布拉格衍射

在晶体结构中原子是周期性排布的，并可以分为若干族晶面，每一个晶面族内的晶面相互平行且间距相等。当 X 射线射入晶体后，晶体中原子的电子会对 X 射线产生散射，满足相长干涉的散射光会在探测器上形成衍射点。图 2.18 是晶体布拉格衍射的原理图，X 射线以入射角 θ 射入面间距为 d 的晶面族，两相邻晶面反射光之间的光程差为 $2d\sin\theta$，当光程差等于入射 X 射线波长的整数倍，即 $2d\sin\theta=n\lambda$ 时，则两相邻晶面的反射光会发生相长干涉，形成一个二维衍射图（当样品为粉末时，会形成一个衍射环），积分后在一维衍射谱上的 2θ 位置会出现衍射峰。因此，$2d\sin\theta=n\lambda$ 被称为布拉格公式. 根据布拉格公式，当使用已知波长的 X 射线照射样品时，我们根据衍射峰出现的角度便可以求出样品各晶面的间距。

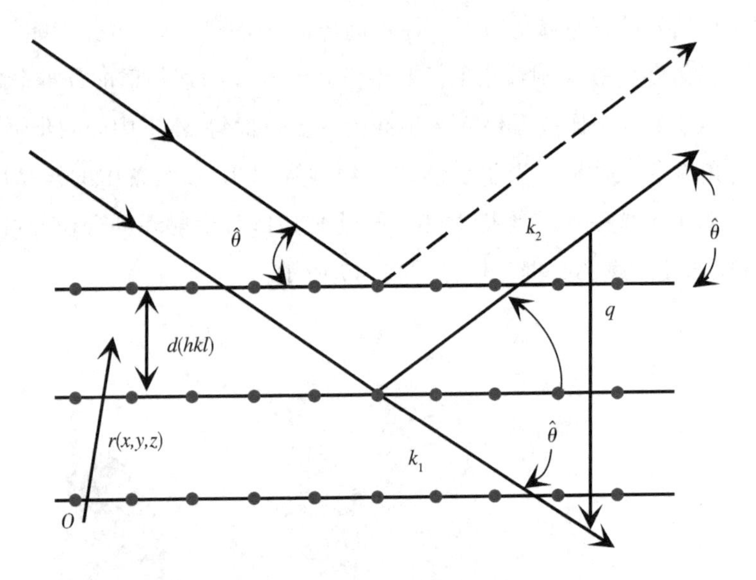

图 2.18 布拉格衍射原理图

第3章 高压下全无机钙钛矿 $CsPbI_3$ 的结构及金属性

3.1 $CsPbI_3$ 研究背景

三维有机-无机杂化钙钛矿具有光吸收系数高、载流子运输能力强、缺陷密度小等优点，现已成为太阳能电池的明星材料，但其发展受到在极端条件下稳定性差的限制。为了提高钙钛矿材料的稳定性、减小其带隙、增强载流子运输能力及其导电性，人们对三维杂化钙钛矿开展了高压电学性质的研究。

$MAPbI_3$ 是最早被研究的杂化钙钛矿，其常压下带隙仅为1.5 eV，电导率为 $1\times10^{-3}\ S\cdot cm^{-1}$。随着压力的增加，$MAPbI_3$ 的结构在0.1 GPa时由 α 相转变为 β 相，在3.4 GPa时转变为 γ 相，在5 GPa时电导率增加到 $6\times10^{-3}\ S\cdot cm^{-1}$，随后电导率进入平台期。40 GPa之后电导率迅速增加，在51 GPa时，传导活化能降低至13.2(3) meV，表明该材料已经接近金属态。随后Jaffe等人用原位高压吸收测量发现 $MAPbI_3$ 的带隙在高压力下持续降低，红外反射光谱显示在60 GPa的低频处材料出现了德鲁德模型特征，即低频处反射率急剧升高，在光学上表明 $MAPbI_3$ 由半导体转变为金属态。随后的变温直流四电极测量结果显示，$MAPbI_3$ 在62 GPa出现金属电导率与温度的强关联效应，实现了金属化。$MAPbI_3$ 金属性的出现表明在杂化钙钛矿领域出现了全新的电子特性，而用体积更大的甲脒基(FA)替换甲胺基团(MA)得到的 $FAPbI_3$ 在常压下拥有更小的光学带隙。

钙钛矿材料金属化的实现标志着金属卤化物钙钛矿存在一种全新的传输性能。不过到目前为止,高压下金属卤化物钙钛矿的金属化压力通常大于41 GPa,而且金属化均发生在非晶态,没有确切的晶格结构。这严重阻碍了人们对有机-无机杂化钙钛矿金属性的认识,制约了其在实际中的应用。

$CsPbI_3$ 作为一种全无机杂化钙钛矿,在太阳能电池领域拥有17%的能量转换效率,其量子点材料更是可以实现宽频带、高亮度的发光性能。邹勃等人通过高压实验发现,α-$CsPbI_3$ 纳米晶在0.39 GPa便由立方相 $Pm\bar{3}m$ 转变为正交相 $Pbnm$,之后转变为非晶结构。其带隙在0~0.38 GPa时由1.72 eV减小到1.69 eV,在0.38~3.25 GPa时逐渐增加到1.76 eV。$CsPbI_3$ 在低压范围内的带隙变化也非常微弱,并未出现金属化的迹象。Yuan等人通过高压XRD和拉曼光谱探究 $CsPbI_3$ 发现,在3.9 GPa时拉曼光谱出现新峰,在5.6 GPa时 $CsPbI_3$ 的XRD谱在5.6°和9.9°处发生峰劈裂,他们认为这是由 $Pnma$ 相转变到 $P2_1/m$ 相造成的,但他们并未给出精确的原子坐标。因此探索更高的压力对 $CsPbI_3$ 结构和电学性能的影响,将为获得杂化钙钛矿的新结构、新性能提供有力的科学依据。

3.2 实验方法

本实验所用的 $CsPbI_3$ 钙钛矿样品纯度大于99.9%。由于样品对水和氧气比较敏感,笔者将样品保存在 N_2 手套箱内。实验使用DAC装置,在紫外可见吸收、红外反射和同步辐射XRD实验中笔者分别选用砧面直径300 μm的Ⅱa型、200 μm的Ⅱa型和200 μm的Ⅰa型金刚石,使用T301不锈钢材质的垫片,厚度预压到45 μm,用精密激光打孔机在中心打一个直径为120 μm的孔作为样品腔,并使用硅油作为传压介质。通过红宝石荧光的 R_1 峰标定样品腔内的压力,通过测量 R_1 峰与 R_2 峰的峰宽和峰间距确保样品腔内准静水压环境。高压同步辐射XRD实验在北京同步辐射高压实验站的4W2光束下完成,使用FIT2D软件对XRD谱图进行积分得到标准的数据。入射X射线的波长为0.6199 Å,探测器到样品的距离和几何参数通过 CeO_2 标样的校准实现。

在高压阻抗谱实验中,笔者选用直径300 μm的Ⅰa型金刚石将T301垫片预压到 45 μm，在样品腔中心打一个直径为 110 μm 的孔，然后把绝缘粉填满压痕和样品腔并压实作为绝缘层，最后在压痕中心打一个 85 μm 的孔作为样品腔。笔者将宽为 80 μm 的两根平板铂电极分别粘在金刚石的上、下砧面上，两根铂电极夹角为 90°，和之前报道的电极平行粘贴相比，可以有效杜绝平行板电极之间其他物质（如金属垫片）对样品信号的干扰。考虑到传压介质会影响电极与样品的接触和样品信号质量，笔者在电学实验中未加传压介质。

对于变温高压四电极电阻测量实验，前期实验准备与阻抗谱实验一样，笔者将四根锥形铂片电极粘在金刚石上砧面上，四根电极刚好和样品接触，如图 3.1(a) 所示，分别将四根铜丝连接在铂电极上引出 DAC 装置，如图 3.1(b) 所示。笔者从相邻两个电极中通入 1 mA 电流 I_{12}，测量另外两个电极的电压 V_{34}，得到 $R_{34}=V_{34}/I_{12}$。用同样的方法测 R_{12} 的电阻，最后求得 R_{34} 和 R_{12} 的平均电阻为样品电阻。通过 Janis PTSHI-950 系统利用氦气降温，并通过 Model 26 低温温度控制器进行测量。

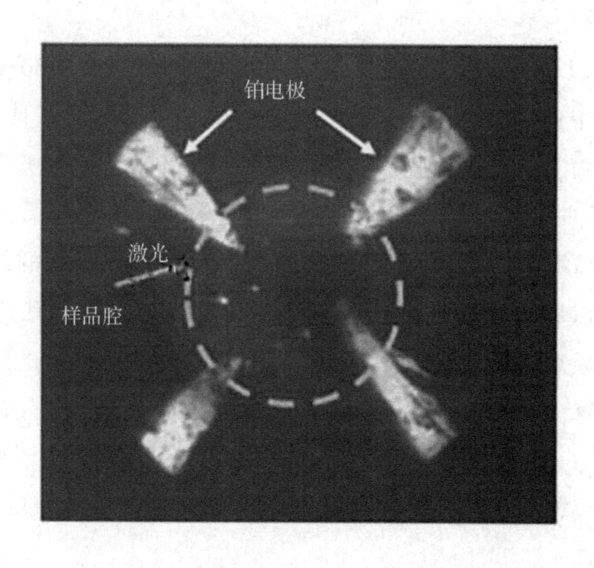

(a)

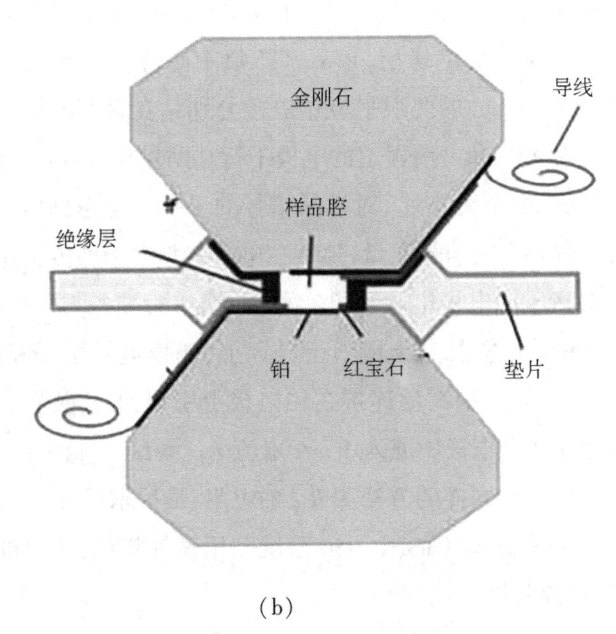

(b)

图 3.1 (a)样品腔内四电极的实物图;(b)电学压机外部图示

本书使用以遗传演化算法为基础的 USPEX 软件,在 30 GPa、40 GPa、50 GPa 和 60 GPa 压力处用定组分和变组分的条件搜寻和预测具有稳定能量的 $CsPbI_3$ 高压结构。在结构预测截断能为 800 eV 的情况下随机产生第一代结构,以焓值为适应函数对结构进行优化,并排除掉 40%的不稳定结构。第二代结构从剩下的结构中演化出,如此循环进行 60 代,得到最好的结构后停止预测。然后使用以赝势平面波理论为基础的 CASTEP 软件包和广义梯度近似(GGA)内交换关联函数 Perdew-Burke-Ernzerhof 对稳定体系的结构进行优化和电子性质计算,截断能检测为 910 eV。以 Monkhorst-Pack 方法选择 K 点,取 $2\pi \times 0.03$ Å^{-1} 的网格,使能量收敛到小于 1 meV · atom^{-1}。电子能带和态密度的精度为 0.02 eV,电子局域函数(ELF)是在 VASP 程序中完成的。

3.3 结果与分析

3.3.1 $CsPbI_3$ 的高压紫外可见吸收光谱

首先通过紫外可见吸收光谱对 $CsPbI_3$ 的光学带隙进行研究。图 3.2(a)是在 0.4~18.8 GPa 压力范围内金刚石样品腔中 $CsPbI_3$ 的光学图像,图 3.2(b)是 $CsPbI_3$ 在加压过程中的吸收光谱图。在 500 nm 处有一个陡峭的带间吸收边,随着压力的不断增加,吸收边逐渐红移(向小波长方向移动),在 13.5 GPa 处吸收边移动到近红外区,并逐渐变缓。加压到 15.2 GPa 时吸收边移出光谱探测范围,此时对应的带隙值是 1.2 eV。为了清晰地表示 $CsPbI_3$ 的光学带隙随压力变化的趋势,笔者对吸收边采用切线外延的 Tauc plot 方法。如图 3.2(c)的插图所示,$CsPbI_3$ 常压下的带隙值为 2.5 eV,当压力增加到 1.0 GPa 时其带隙值迅速降低,带隙随压力降低的斜率为 $-0.44\ eV \cdot GPa^{-1}$。随着压力的继续增加,带隙呈非线性减小,并在 13.5 GPa 时减小到肖克利-奎伊瑟极限(1.34 eV),这是太阳能电池能量转换效率理论的最高值,无机杂化钙钛矿的带隙也是第一次降到这一极限值。将压力卸至常压的过程中,$CsPbI_3$ 的带隙返回到 2.3 eV,比初始值低了 0.2 eV。笔者还对 $CsPbI_3$ 在高压下的光学图像进行了追踪,发现它在常压时呈现出与光学带隙相应的黄色,压力增加时样品的颜色逐渐变为红色,并在 18.8 GPa 时转变成完全不透明的黑色。这些变化说明 $CsPbI_3$ 的电子结构在压力下发生了重大变化,并有可能向金属转变。笔者还对 $CsPbI_3$ 在压力下的光学带隙进行了非线性拟合,发现其光学带隙可能在 27.3 GPa 时闭合。

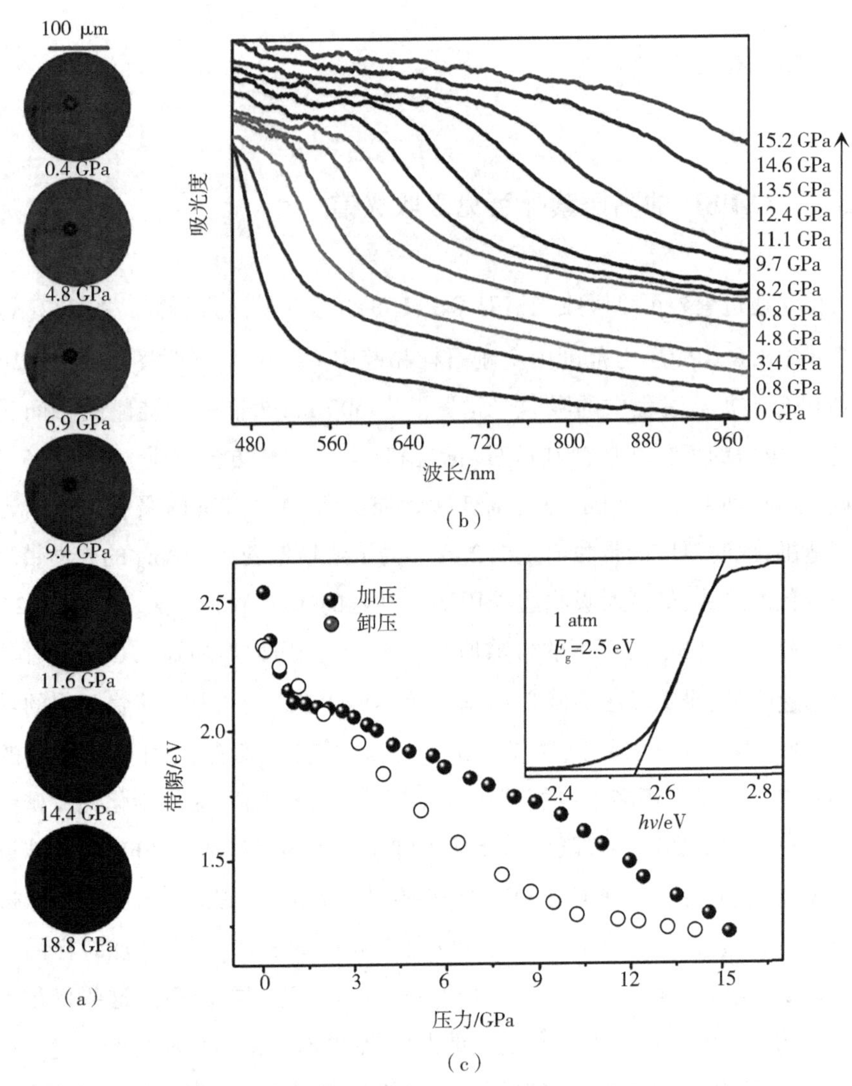

图 3.2 (a)在 0.4~18.8 GPa 压力范围内,金刚石样品腔中 $CsPbI_3$ 的光学图像;(b)在加压过程中选定压力的紫外可见吸收光谱;(c)带隙在加压过程中的变化趋势,插图为在 1 atm 下 $CsPbI_3$ 的带隙 Tauc 图

3.3.2　$CsPbI_3$ 的高压红外反射光谱

笔者继续通过原位高压红外反射技术探究 $CsPbI_3$ 能否实现带隙闭合并达到金属化。图 3.3(a)为高压下 $CsPbI_3$ 的红外反射光谱，光谱范围是 800~6000 cm^{-1}，其中 1700~2600 cm^{-1} 被去除的区域是金刚石的吸收。在加压过程中，与 7.2 GPa 相比，$CsPbI_3$ 的反射光谱在 29.3 GPa 的低频区出现了由自由载流子主导的德鲁德模型特征，即反射率随着频率的降低急剧增加。随着压力的增加，这一现象逐渐向高频区扩展，这预示着 $CsPbI_3$ 开始转变为金属态。图 3.3(a)插图为 $CsPbI_3$ 在 1000 cm^{-1} 的反射率随压力的变化。从图中可以清晰地看出 $CsPbI_3$ 的反射率在 30 GPa 开始迅速增加，并在 60.2 GPa 增加到所能测到的最大值 0.22。从红外反射光谱上可以看出 $CsPbI_3$ 在压力作用下转变成了金属态。由图 3.3(a)中实线可以看出反射光谱可以被德鲁德-洛伦兹模型很好地拟合。拟合得到的光电导率如图 3.3(b)所示，$CsPbI_3$ 的光电导率随着压力的升高逐渐增加。其金属自由电子贡献的德鲁德项和束缚电子贡献的洛伦兹项如图 3.4 所示，在 42.6 GPa 时由自由电子贡献的德鲁德项超过束缚电子贡献的洛伦兹项，证明样品此时已经转变成了金属态。在 60.2 GPa 时，洛伦兹项对光电导率的贡献降低，德鲁德项对光电导率的贡献占主导作用，证明 $CsPbI_3$ 的金属性进一步增强。

为了进一步分析红外反射数据，笔者用 RefFIT 软件对反射光谱进行德鲁德-洛伦兹模型拟合。该模型所用的介电方程为：

$$\bar{\varepsilon}(\omega) = \varepsilon_1(\omega) + i\varepsilon_2 = \varepsilon_\infty - \frac{\omega_p^2}{\omega^2 + i\omega\gamma_D} + \sum_j \frac{S_j^2}{\omega_j^2 - \omega^2 - i\omega\gamma_j} \tag{3-1}$$

其中，ε_1 和 ε_2 分别为介电函数的实部和虚部；ε_∞ 为高频介电常数，它表示所有振子在非常高的频率下的贡献；ω_p 和 γ_D 为等离子体频率和德鲁德峰的宽度，而 ω、γ 和 $S_j{}^2$ 分别为第 j 个洛伦兹简谐振子的中心峰频率、宽度和模式强度。由介电方程 $\tilde{\varepsilon}(\omega)$ 的 K-K 变换可以得到所有的光学参数，尤其在拟合红外反射光谱方面。

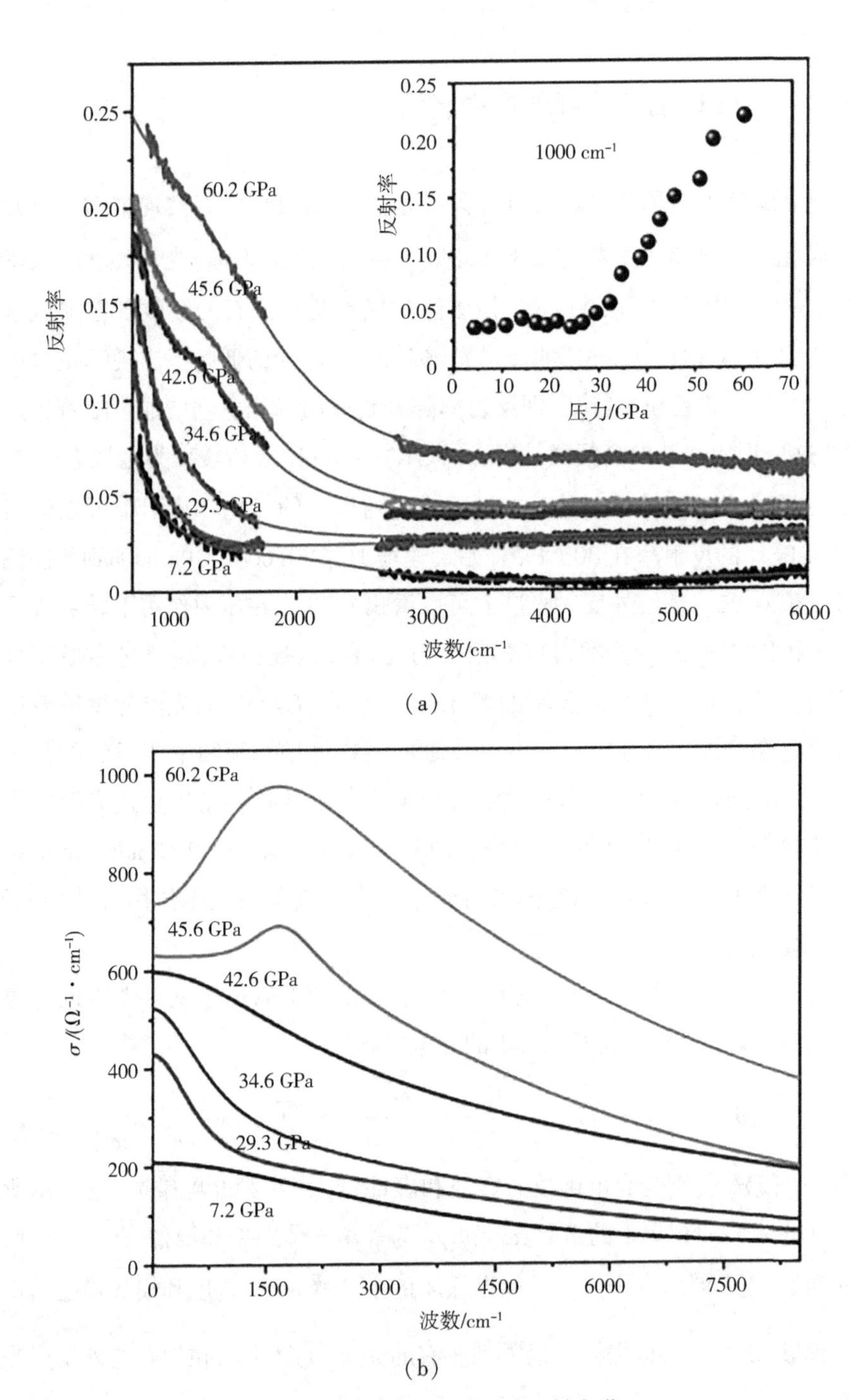

图 3.3 (a)不同压力下的红外反射光谱;
(b)拟合得到压力作用下的光电导率实部

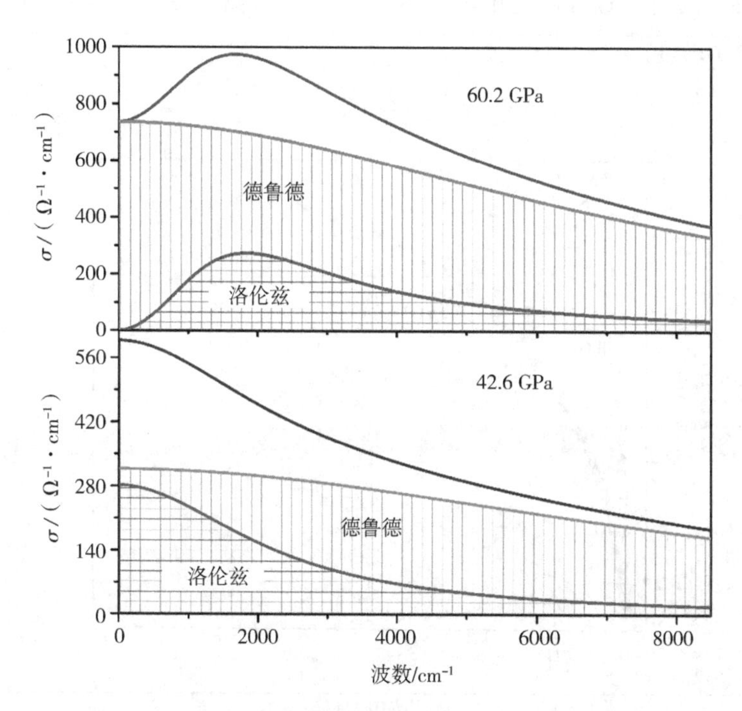

图 3.4　分别由德鲁德项和洛伦兹项组成的光电导实部

3.3.3　$CsPbI_3$ 的高压电学测量

电阻率是光伏材料的重要参数之一,同时也是进一步证实 $CsPbI_3$ 在高压下金属性的关键,笔者用高压阻抗谱法和高压变温四电极法对其电阻进行测量。图 3.5 为高压下 $CsPbI_3$ 阻抗谱的 Nyquist 图及其等效电路。在 4.68 ~ 15.02 GPa 之间,由于电阻太大,阻抗谱并不能表现为完整的半弧。由于晶界和电极电阻相对于晶粒电阻太小了,增大压力时,只观察到代表晶粒电阻的阻抗谱半弧,并且半弧的半径也在逐渐减小。半弧的直径代表电阻实部的大小,这说明 $CsPbI_3$ 中的电输运过程是由晶粒传导决定的。同时解释了在以 $CsPbI_3$ 为基础的光电设备中可以忽略晶界在电输运过程中的作用。通过图 3.5(f) 所示的等效电路拟合得到图 3.6 所示的电阻随压力的依赖关系。其电阻由 0.7 GPa 时的 $3.1\times10^9\ \Omega$ 降到 22.1 GPa 时的 $1.8\times10^4\ \Omega$,电阻降低了 5 个数量级。其中在6.5 GPa和15.0 GPa附近电阻突然下降，笔者推测其可能在这两个压力附近结构发生了转变。

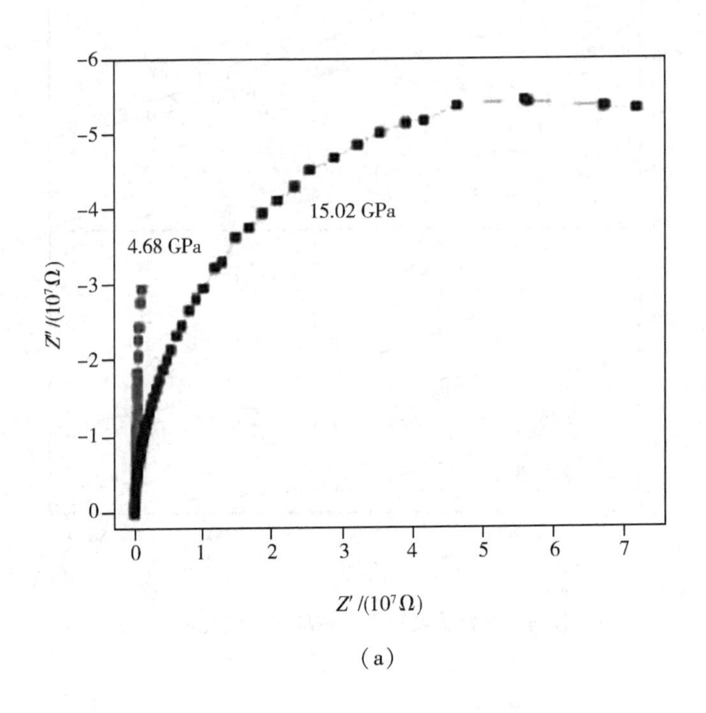

（a）

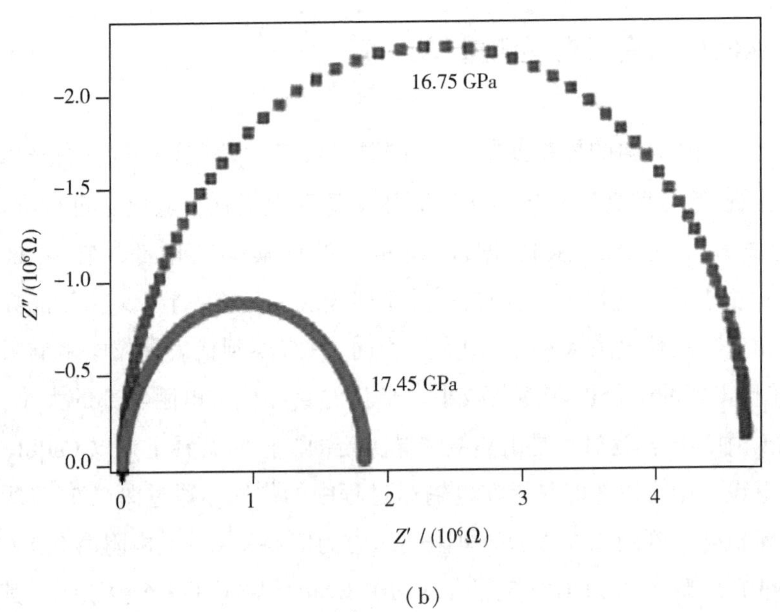

（b）

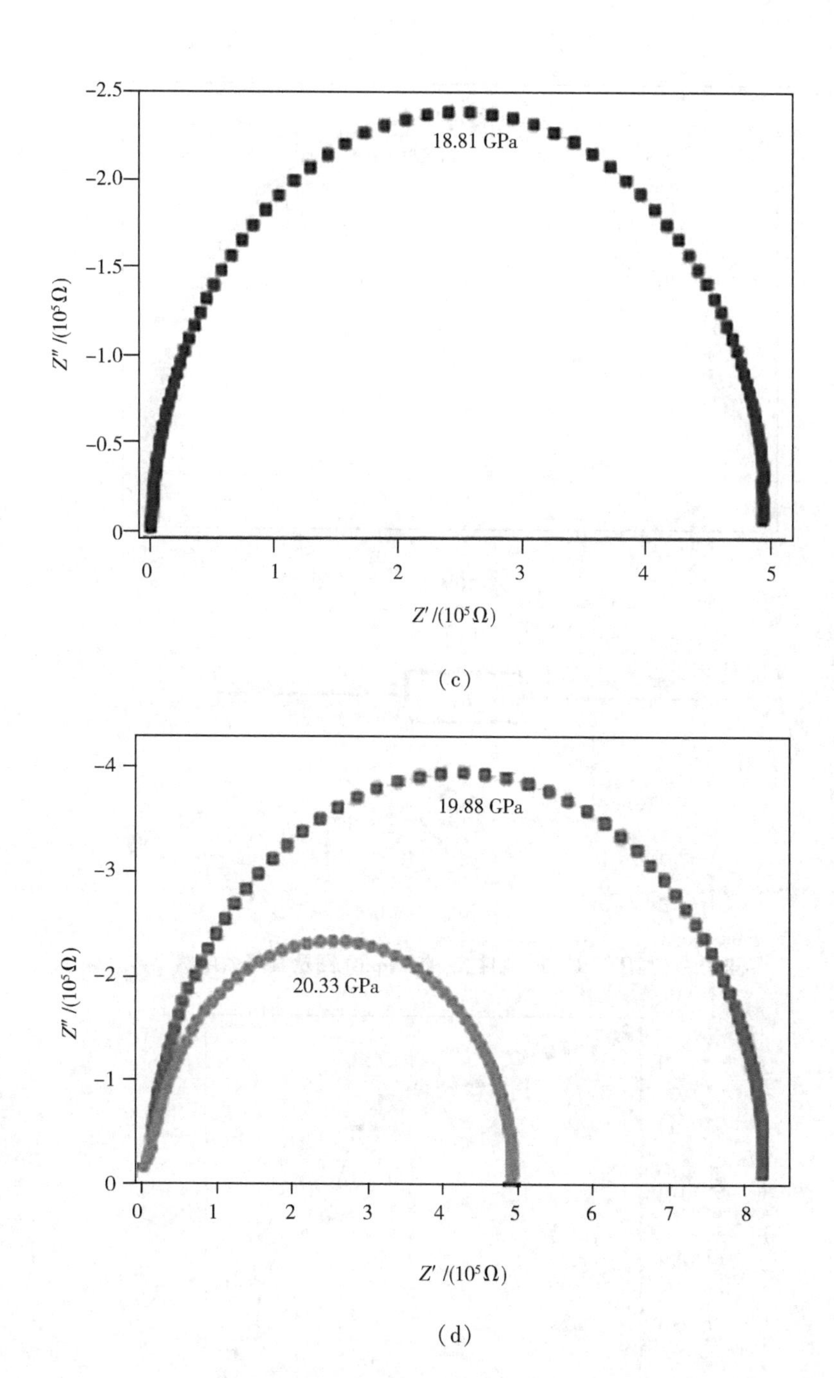
18.81 GPa
Z″/(10⁵Ω)
Z′/(10⁵Ω)
(c)
19.88 GPa
20.33 GPa
Z″/(10⁵Ω)
Z′/(10⁵Ω)
(d)

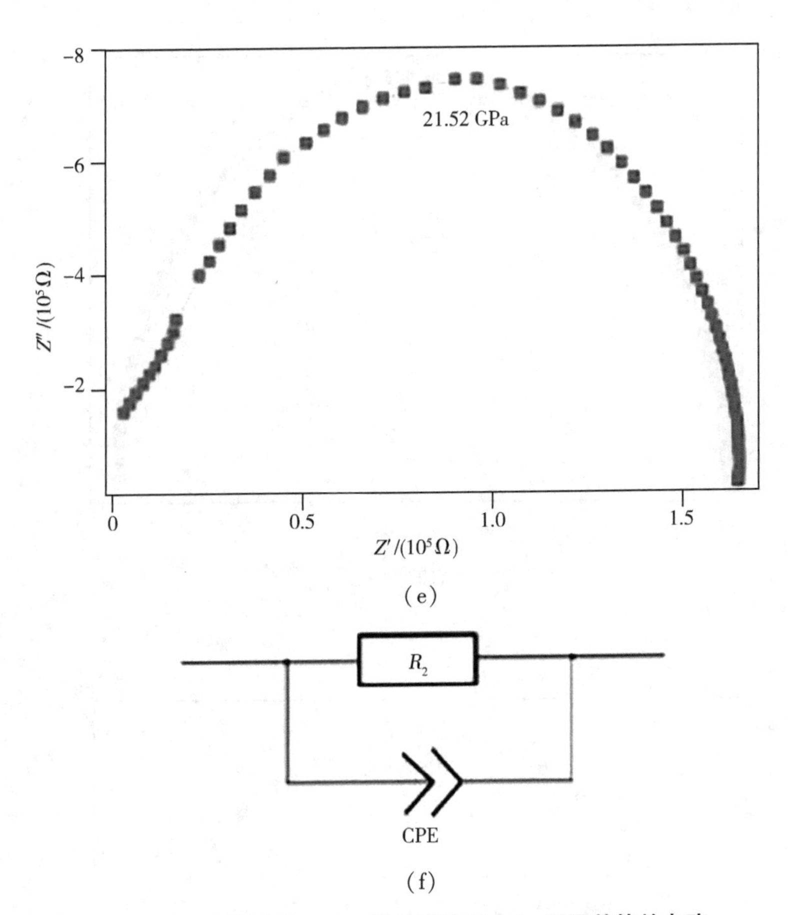

(e)

R_2

CPE

(f)

图 3.5 高压下 $CsPbI_3$ 阻抗谱的 Nyquist 图及其等效电路

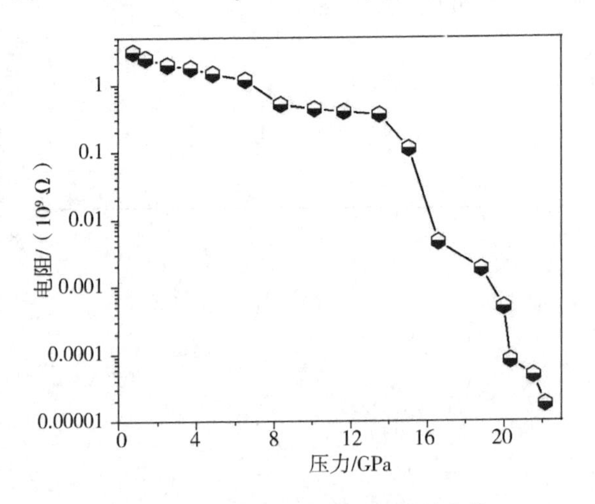

图 3.6 $CsPbI_3$ 的电阻随压力的变化

紧接着笔者使用变温高压四电极法对 $CsPbI_3$ 在更高压力下的导电行为进行研究，如图 3.7 所示。图 3.7(a)为在常温下 $CsPbI_3$ 的电阻率在 25~60 GPa 范围内的变化趋势。用 $\lg\rho = 2.3(2) - 0.096(4)P$（$\rho$ 的单位是 $\Omega \cdot cm$，P 的单位是 GPa）进行拟合，发现其常温下电阻率随压力几乎是指数变化的。$CsPbI_3$ 的电阻率由 25.7 GPa 的 1.06 $\Omega \cdot cm$ 降低到 62.1 GPa 的 3.4×10^{-4} $\Omega \cdot cm$，降低了 4 个数量级。在压力高于 27.6 GPa 时，笔者采用变温直流四点探针技术检测电阻变化与压力和温度的关系，图 3.7(a)插图为高压四电极体系的实物图，图中四个白色锥状物为铂电极，它们均匀分布在直径为 120 μm 的样品腔内，即虚线圆内。通过测量获得了如图 3.7(b)所示的温度-压力-电阻率三维图像，它清楚地显示了 $CsPbI_3$ 的半导体和金属状态之间的界线在 38 GPa 附近。如图 3.7(c)所示，$CsPbI_3$ 的电阻率随温度的变化曲线在 34.3 GPa 时 $d\rho/dT$ 为负值，这意味着由于热激活载流子的存在，$CsPbI_3$ 仍处于半导体状态。当压力大于 39.3 GPa 时，在所有测量温度下均观察到正的 $d\rho/dT$ 值，这是金属特性的显著标志，直接证明了无机杂化钙钛矿 $CsPbI_3$ 在 39.3 GPa 的压力下转变成金属态。

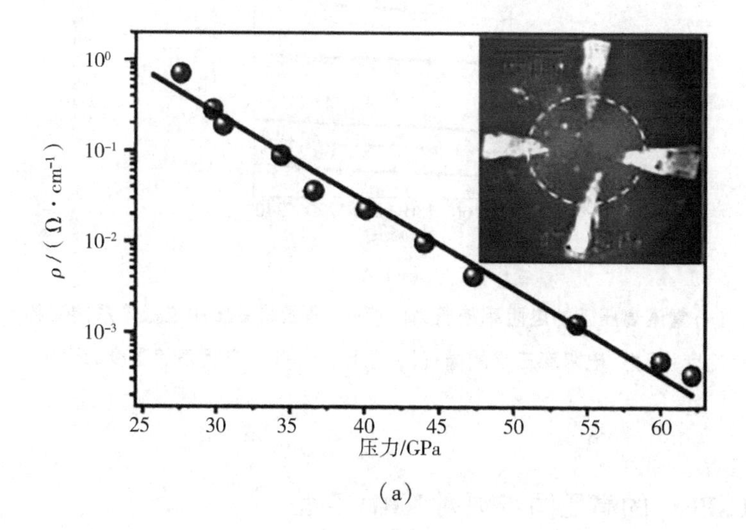

(a)

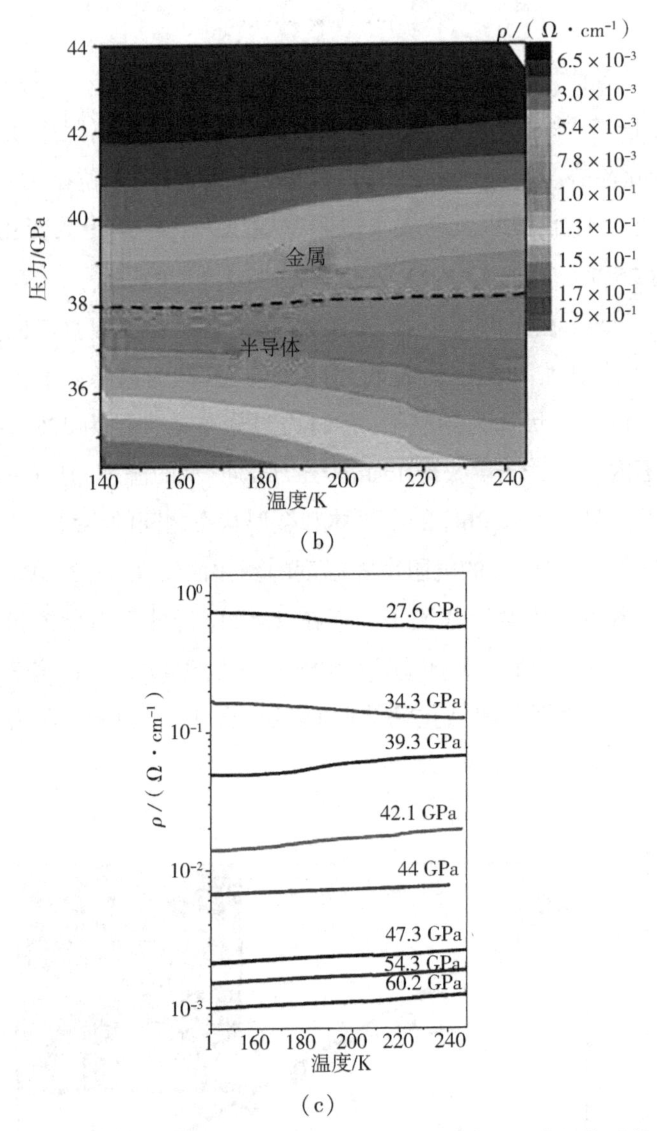

图 3.7 (a)常温高压下的电阻率随压力的变化,插图是高压四电极体系的实物图;(b)温度-压力-电阻率三维图像;(c)高压下 $CsPbI_3$ 电阻率随温度的变化

3.3.4 $CsPbI_3$ 的高压同步辐射 XRD 实验

随后笔者通过同步辐射 XRD 实验研究了 $CsPbI_3$ 高压下的晶体结构,以获

得有关绝缘体-金属转变微观机制的结构信息。笔者将 $CsPbI_3$ 的高压同步辐射 XRD 实验加压到 64 GPa，并将具有代表性压力点的衍射图放在图 3.8(a)中。在 0.1 GPa 时，$CsPbI_3$ 结晶为正交 *Pnma* 相，Cs 原子周围由九个 I 原子配位。笔者根据测得的 XRD 谱图对 $CsPbI_3$ 进行结构精修，如图 3.9(a)所示，得到的晶格参数是 a = 10.458(3) Å、b = 4.815(2) Å、c = 17.776(5) Å，与文献报道的结果一致。随着压力的增加，晶体的布拉格衍射峰向较大的衍射角(2θ)的移动与加压过程中晶胞间距 d 的收缩是一致的，如图 3.8(b)所示。在 6.9 GPa 时 XRD 谱图中出现了新的衍射峰，表明 $CsPbI_3$ 晶体发生了结构的转变。随着压力的增加不断有新峰出现和旧峰消失，18.1 GPa 之后没有新峰出现，衍射峰保持稳定，笔者认为 $CsPbI_3$ 的高压相和常压相共存于 6.9~18.1 GPa 范围内。18.1 GPa 后，高压相一直维持到 64 GPa，没有进一步的结构转变。

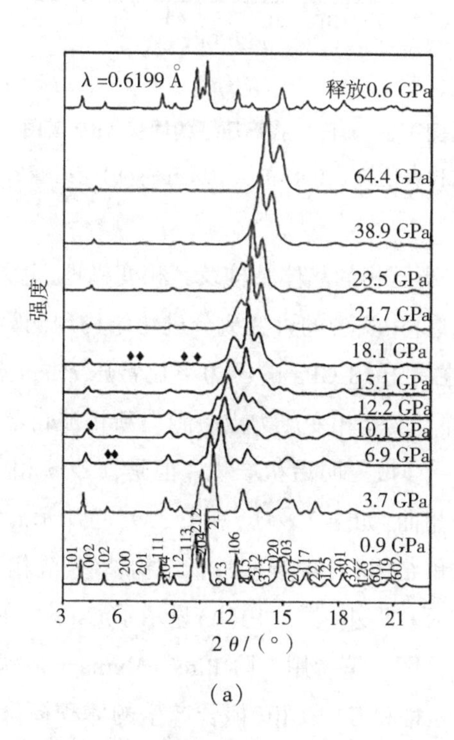

(a)

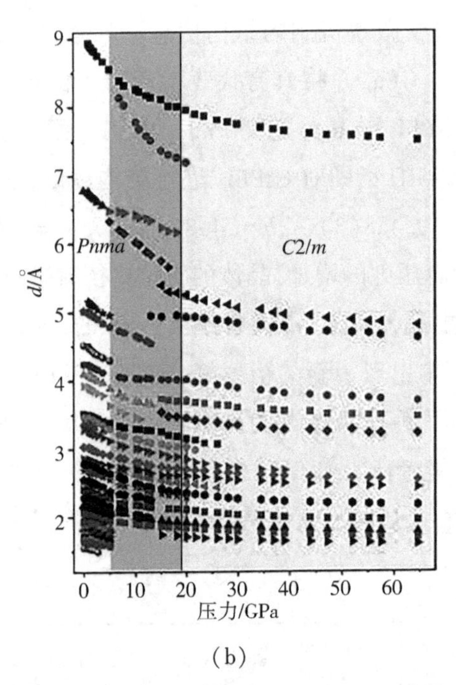

(b)

图 3.8 $CsPbI_3$ 在高压下的同步 XRD 谱图

(a)在选定压力下具有代表性的 $CsPbI_3$ 的 XRD 谱图;(b)衍射峰的间距 d 与压力的关系

为了表征 $CsPbI_3$ 高压相的晶体结构及其相变机理,笔者进行了第一性原理计算。利用 USPEX 软件中实现的可变成分进化结构预测算法对稳定化合物进行结构搜索,发现了在高于 18 GPa 的压力下比常压 *Pnma* 相焓值更低的新相,如图 3.10(a)所示,并且实验相变压力点一致。新相被确定为单斜 *C2/m* 结构,其多面体像 *Pnma* 相一样按三明治状堆积。但是,*C2/m* 相中的八面体与 *Pnma* 相相比发生了严重的扭曲,如图 3.9(b)和图 3.9(c)所示。笔者在 10.1 GPa 对 $CsPbI_3$ 包含 *Pnma* 相和 *C2/m* 相的混相进行结构精修,混相和 XRD 谱图拟合得很好,如图 3.9(a)所示。此外,图 3.10(b)显示了 $CsPbI_3$ 在高压下的晶格体积随压力的变化及其相位图。笔者用三阶 Birch-Murnaghan 状态方程对晶格体积进行拟合。对于 *Pnma* 相和 *C2/m* 相,拟合产生的体积模量和初始体积分别为 B_0 = 27.7(2) GPa, V_0 = 900.4(4) $Å^3$ 和 B_0 = 18.6(3) GPa, V_0 = 807.9(2) $Å^3$。$CsPbI_3$ 在由 *Pnma* 相向 *C2/m* 相转变的过程中发生了 12.2%的体积塌缩。$CsPbI_3$ 在高压下的行为说明可以通过压缩 A—B 键长(化

学式 ABX_3)和使八面体变形的方法来调制无机杂化钙钛矿的结构。$CsPbI_3$ 在 38.9 GPa 的 XRD 谱图可以被晶格参数为 a = 15.423(2) Å、b = 3.511(3) Å、c = 18.461(1) Å、β = 132.829(2)°的 $C2/m$ 相很好地拟合,如图 3.9(a)所示。声子谱的计算结果清楚地表明 $C2/m$ 相在 40 GPa 是动力学稳定的,如图 3.11 所示。

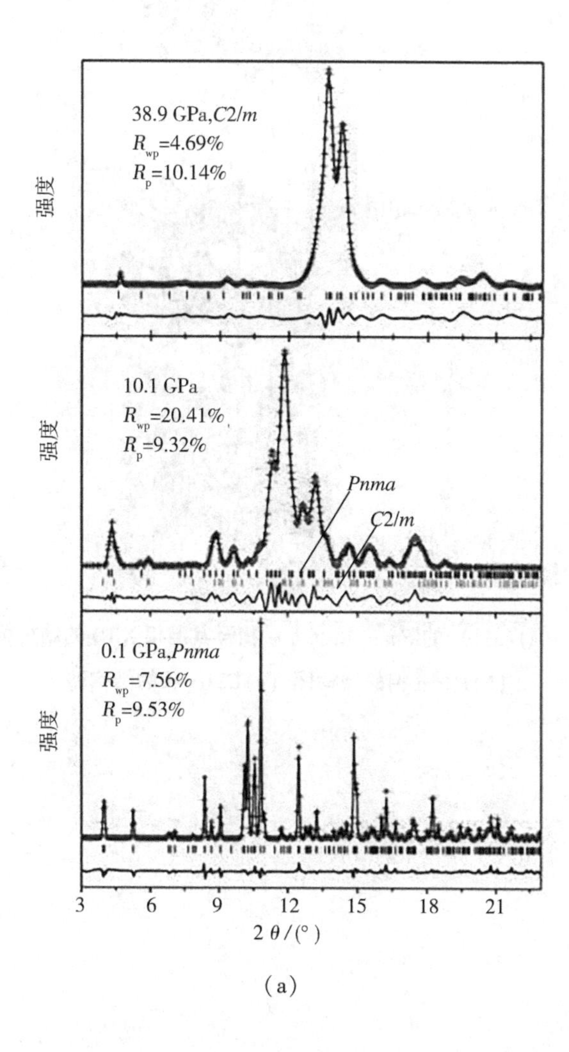

(a)

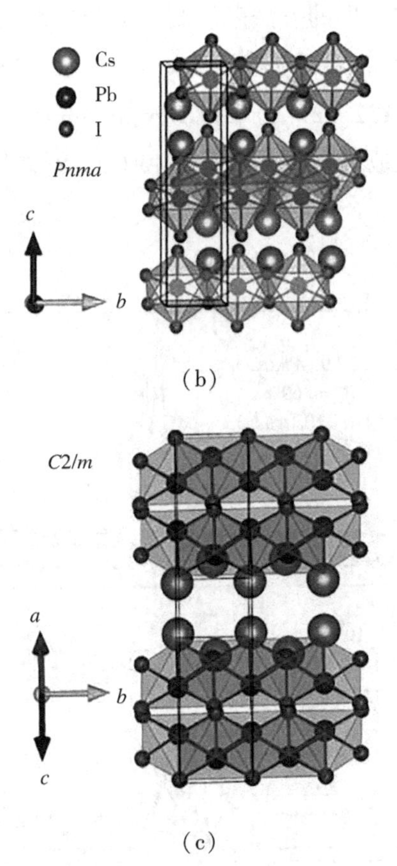

图 3.9 (a) $CsPbI_3$ 的 *Pnma* 相、*C2/m* 相及其混相 XRD 的结构精修图；(b) *Pnma* 相的结构图；(c) *C2/m* 相的结构图

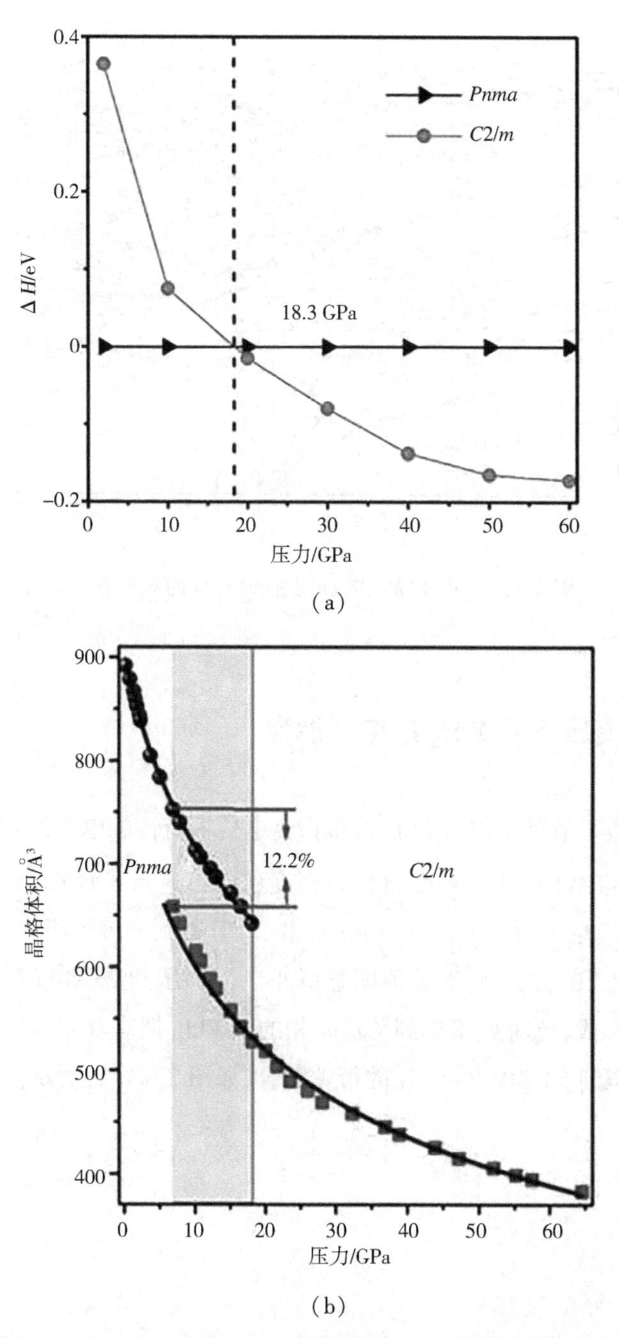

图 3.10　(a) *Pnma* 相和 *C2/m* 相焓差图;(b) 晶格体积随压力的变化及其 Birch-Murnaghan 拟合曲线

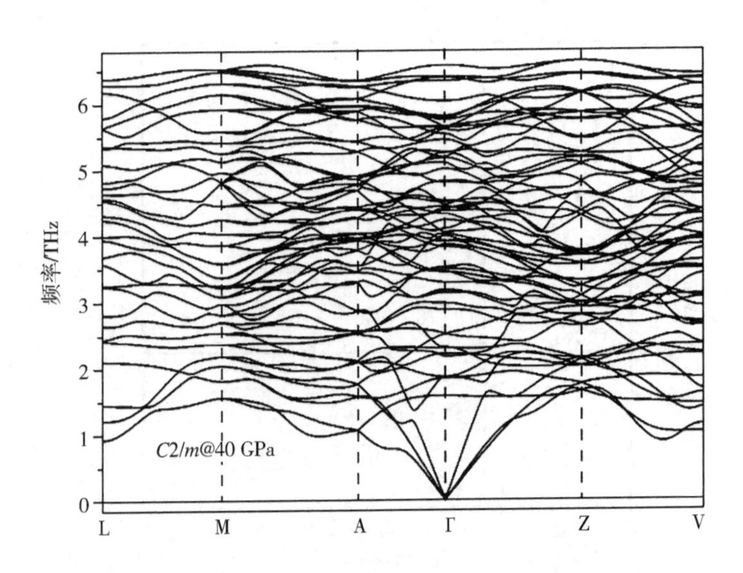

图 3.11 $CsPbI_3$ 的 *C*2/*m* 相在 40 GPa 的声子谱

3.3.5 计算高压下 $CsPbI_3$ 的电子能带

为了更好地了解钙钛矿 $CsPbI_3$ 可调谐光电传输特性的电子结构演化，笔者对 $CsPbI_3$ 的能带结构、分立密度和总态密度（DOS）进行了计算，如图 3.12 所示。对于 $CsPbI_3$ 在 2 GPa 压力下的 *Pnma* 相，计算得到的带隙值为 1.88 eV，与实验值相符。在 10 GPa 时，带隙值明显减小。当加压到 25 GPa 时，$CsPbI_3$ 的结构转变已经完成，此时处于单斜 *C*2/*m* 相的 $CsPbI_3$ 拥有 0.49 eV 的带隙值。随着进一步加压到 50 GPa，$CsPbI_3$ 的带隙闭合，如图 3.13（a）所示。

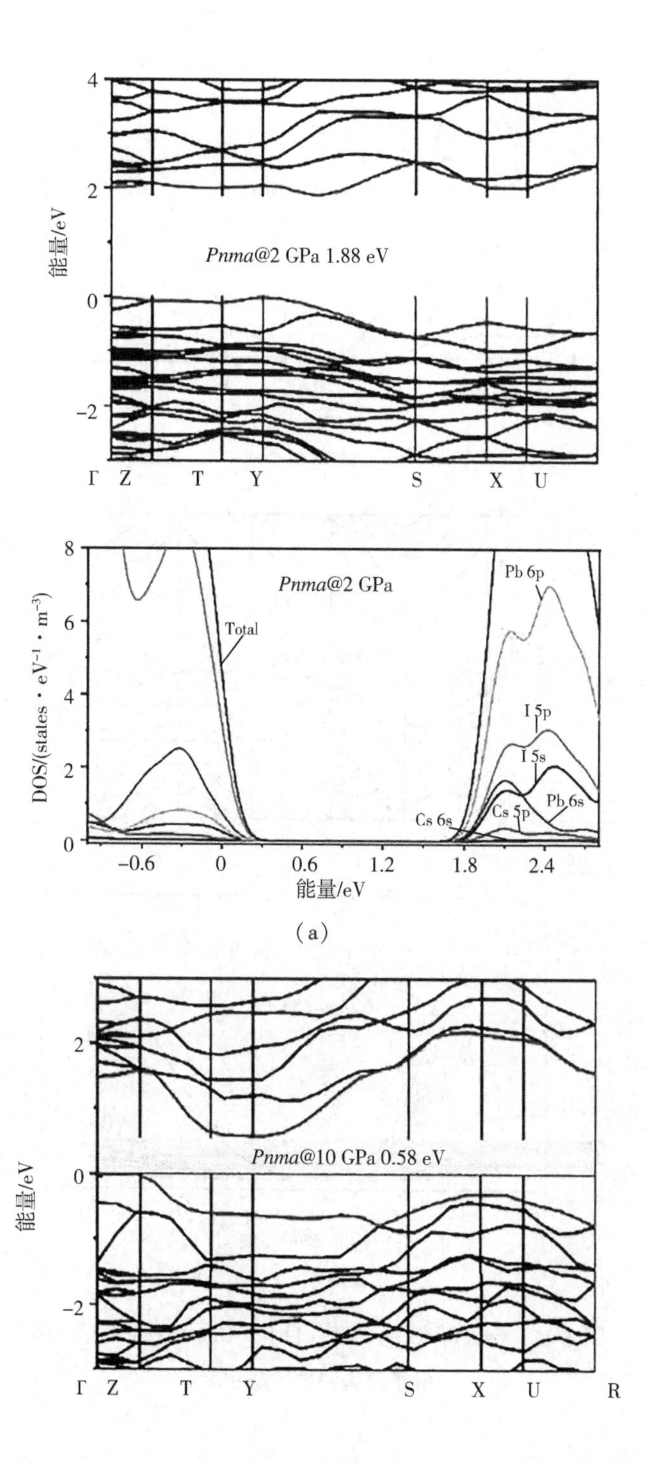
Pnma@2 GPa 1.88 eV
能量/eV
Γ Z T Y S X U
Pnma@2 GPa
DOS/(states · eV^{-1} · m^{-3})
Total
Pb 6p
I 5p
I 5s
Pb 6s
Cs 5p
Cs 6s
能量/eV
(a)
Pnma@10 GPa 0.58 eV
能量/eV
Γ Z T Y S X U R

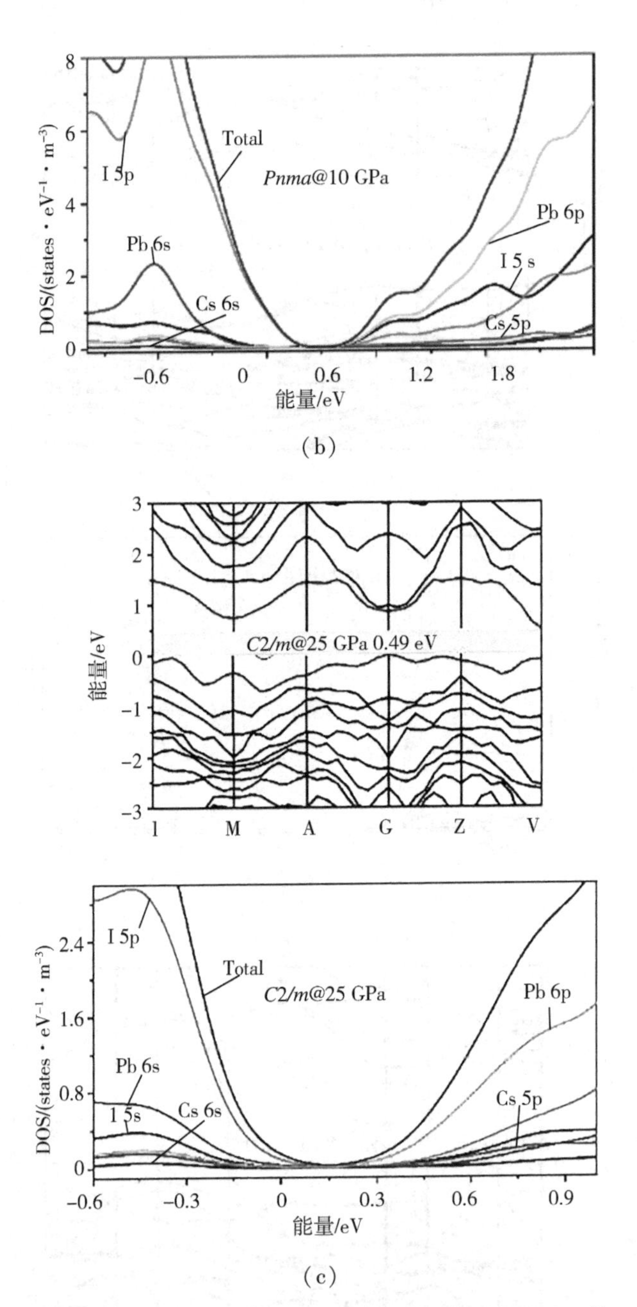

(c)

图 3.12 $CsPbI_3$ 在(a)2 GPa、(b)10 GPa 和(c)25 GPa 的能带结构和电子态密度

同时,笔者还计算了 *Pnma* 相和 *C2/m* 相中 Cs、Pb 和 I 原子轨道上的电子态密度和总的原子态密度。在 2 GPa 时，$CsPbI_3$ *Pnma* 相的电子态密度表明，其价带顶（VBM）实际上取决于 PbI_6^{4-} 八面体结构中 I 5p 和 Pb 6s 轨道之间的相互作用，而导带底（CBM）是由 Pb 6p 和 I 5p 轨道之间的反键杂化作用决定的。Cs^+ 对 VBM 和 CBM 的贡献可以忽略不计。值得注意的是，由于与 Pb 6s 轨道相比，I 5p 轨道的能级更高、电子更多，因此 VBM 几乎具有 I 5p 轨道的特性。CBM 几乎全部来自 Pb 6p 轨道，因为 Pb 6p 轨道比 I 5s 轨道具有更高的能级。随着持续加压至 10 GPa，I 5s 轨道能量不断增加，最后 CBM 主要由 Pb 6p 和 I 5s 轨道主导。通过 DOS 分析发现了 *Pnma* 相和 *C2/m* 相之间存在着明显不同的特征。在 2～10 GPa 范围内，$CsPbI_3$ *Pnma* 相中 I 5s 轨道超过 I 5p 轨道对 CBM 的贡献。而在 25 GPa 的 *C2/m* 相中，I 5p 轨道对 CBM 的贡献显著增强，并超过 I 5s 轨道，如图 3.12（c）所示。当加压至 50 GPa 时，从绝缘体到金属的巨大转变伴随着 I 5p 和 Pb 6p 轨道之间的重叠，如图 3.13（a）所示。在费米面处，*C2/m* 结构中的 I 5p 状态占主导地位，这可能受碘元素的影响，据报道，碘元素的金属化压力是 16 GPa。$CsPbI_3$ 的金属化是由价带和导带之间的能带重叠不断增加所致。在压力导致金属化方面，$CsPbI_3$ 的同类化合物 $CsPbBr_3$ 和 $CsPbCl_3$ 中没有发现类似的金属化转变，笔者推测可能相应的卤族元素具有比碘更高的金属化压力。

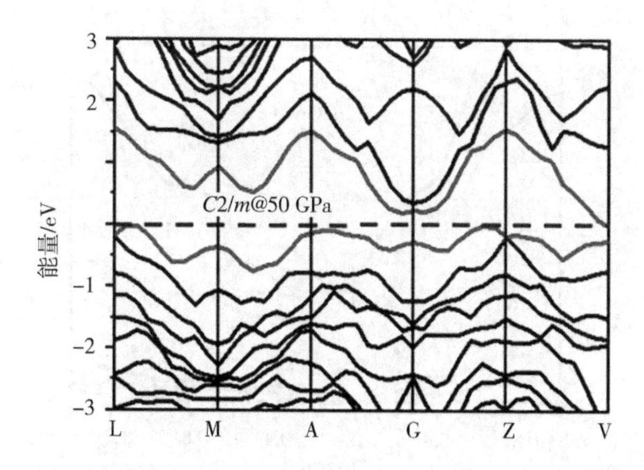

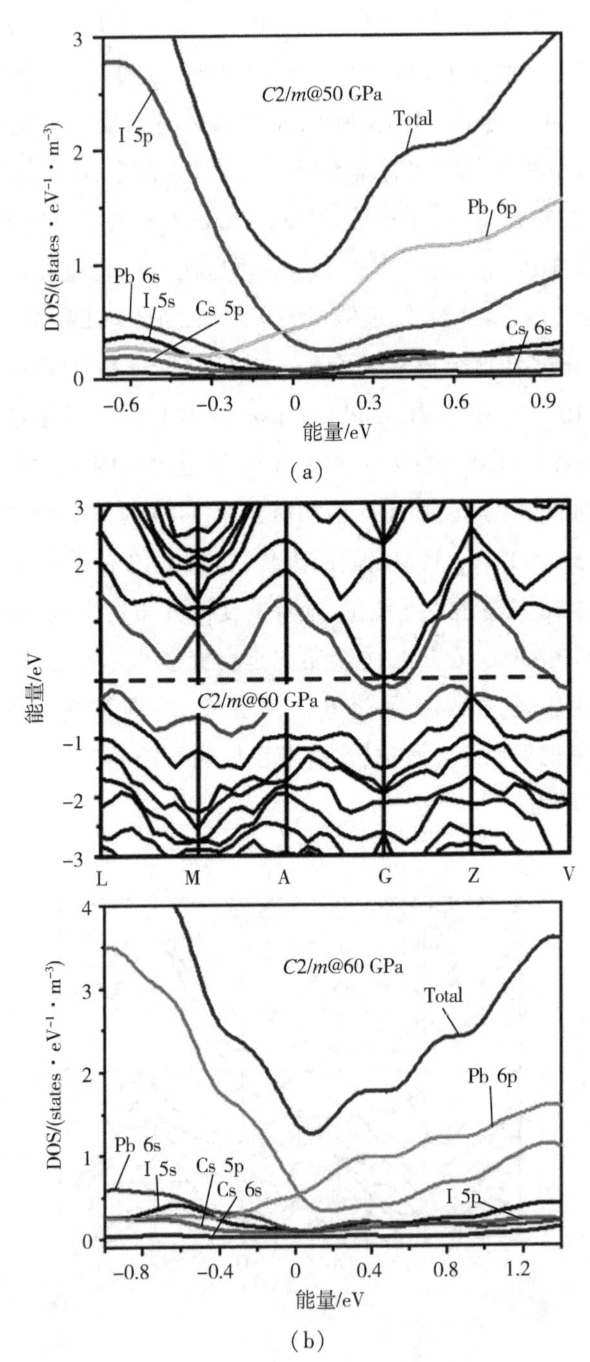

图 3.13　$CsPbI_3$ 在(a)50 GPa 和(b)60 GPa 的能带结构和电子态密度

无机钙钛矿 $CsPbI_3$ 金属相的出现可以从八面体结构的变化和电子局域函数(ELF)方面理解。压力的施加缩短了原子间的距离,并深刻地改变了电子轨道和键合模式。笔者发现,在加压过程中八面体的独特变化发生在从正交 *Pnma* 相到单斜 *C2/m* 相的转变过程中,如图 3.14(a)和图 3.14(d)所示。在结构转变之前的 10 GPa,钙钛矿晶格的 Pb—I 键长和 Pb—I—Pb 键角都异常变小,如图 3.14(b)和图 3.14(c)所示。同时如图 3.15(b)所示,由于反键作用,Pb 6p 和 I 5p 之间轨道耦合增强,CBM 的能量降低,这解释了带隙在压力低于 1 GPa 时急剧减小的原因。在 10 GPa 时,Pb—I 键长(Pb—I_4 除外)突然变长,Pb—I—Pb 键角也骤然增大,并且图 3.16(b)灰色区域所示的拉曼光谱实验探测到了三种异常的 Pb—I 伸缩振动模式。此时,CBM 恰好由 Pb 6p 和 I 5s 轨道主导。因此,带隙变窄可以解释为 Pb 6p 和 I 5s 轨道耦合显著增强。这也是由增大的 Pb—I—Pb 键角和缩短的 Pb—I_4 键长引起的,如图 3.14(c)和图 3.15(b)所示。

当施加更高的压力时,发生了从正交相到单斜相的结构转变。PbI_6^{4-} 八面体发生了明显的畸变以适应 Jahn-Teller 效应,并且随着压力的增加,单斜相中的平均 Pb—I—Pb 键角和 Pb—I 键长明显减小,如图 3.14(b)和图 3.14(c)所示。键长的缩短在带隙能量的降低中起主要作用,它导致了主导 CBM 的 Pb 6p 和 I 5p 轨道以及主导 VBM 的 Pb 6s 和 I 5p 轨道之间的耦合增加,如图 3.15 所示,使 $CsPbI_3$ 的能带轨道向费米面发生较大的移动引起带隙的极大降低。此时,电子能带的色散增大,并伴随着 VBM 的上升和 CBM 的下降,最终导致导带和价带的交叠,得到具有金属性的能带结构。图 3.14(d)中计算的 ELF 也出现了从 2 GPa 到 50 GPa 的相似变化。与两个相邻八面体在 2 GPa 处的零电荷分布相比,在高压下随着 Pb—I 键长的减小,电子分布也逐渐扩散。这些发现为压力诱导的晶体结构变化提供了一致的证据,最终导致了电子结构的变化。

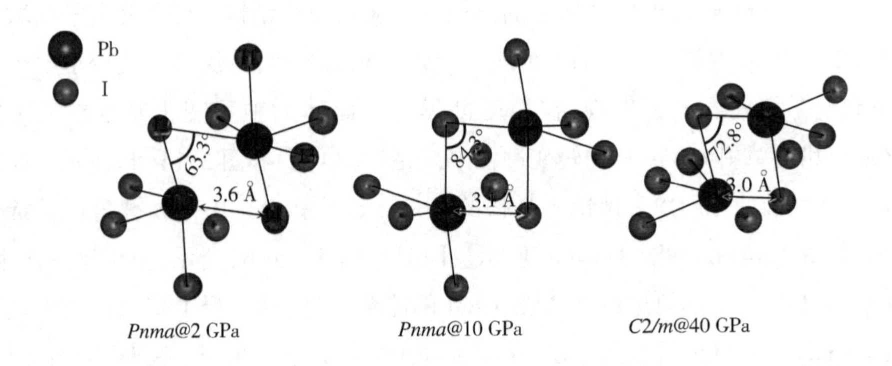
Pb
I
63.3°
3.6 Å
84.2°
3.1 Å
72.8°
3.0 Å
Pnma@2 GPa
Pnma@10 GPa
C2/m@40 GPa

(a)

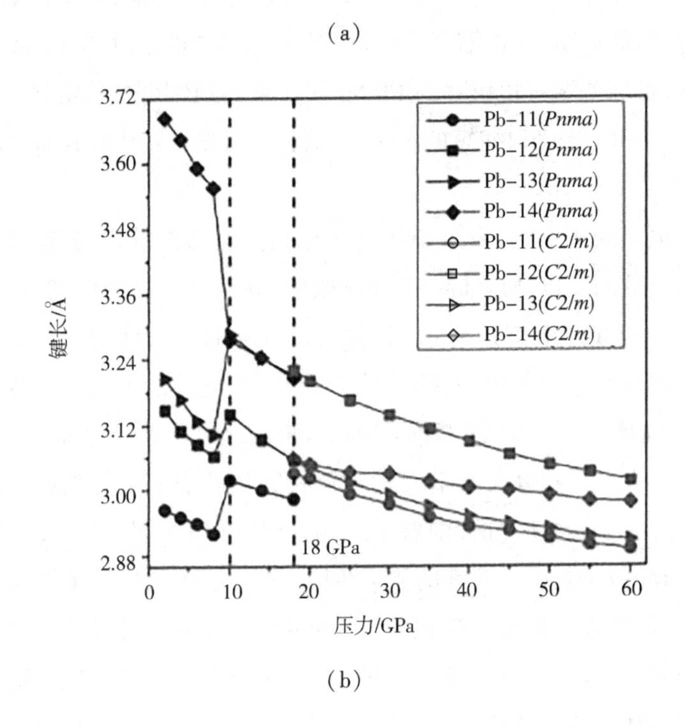
Pb-11(Pnma)
Pb-12(Pnma)
Pb-13(Pnma)
Pb-14(Pnma)
Pb-11(C2/m)
Pb-12(C2/m)
Pb-13(C2/m)
Pb-14(C2/m)
键长/Å
压力/GPa
18 GPa
3.72
3.60
3.48
3.36
3.24
3.12
3.00
2.88
0
10
20
30
40
50
60

(b)

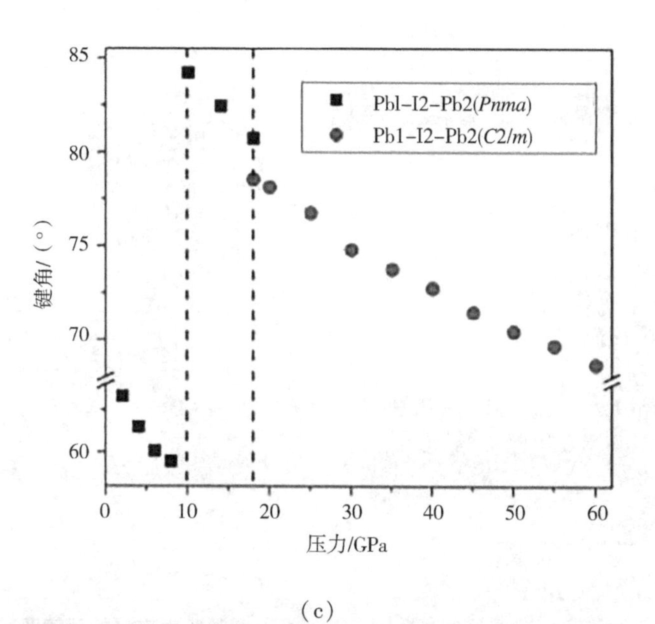

(c)

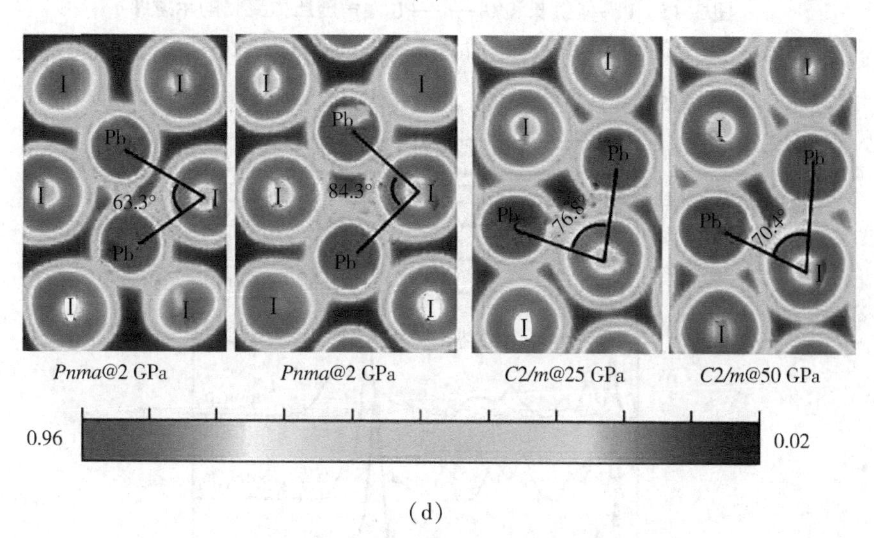

(d)

图 3.14 (a)高压下 $CsPbI_3$ 八面体构型的演变;第一性原理计算得到(b)Pb—I 键长和(c)Pb—I—Pb 键角随压力的变化;(d)计算得到在不同压力下 $CsPbI_3$ 的电子局域化函数

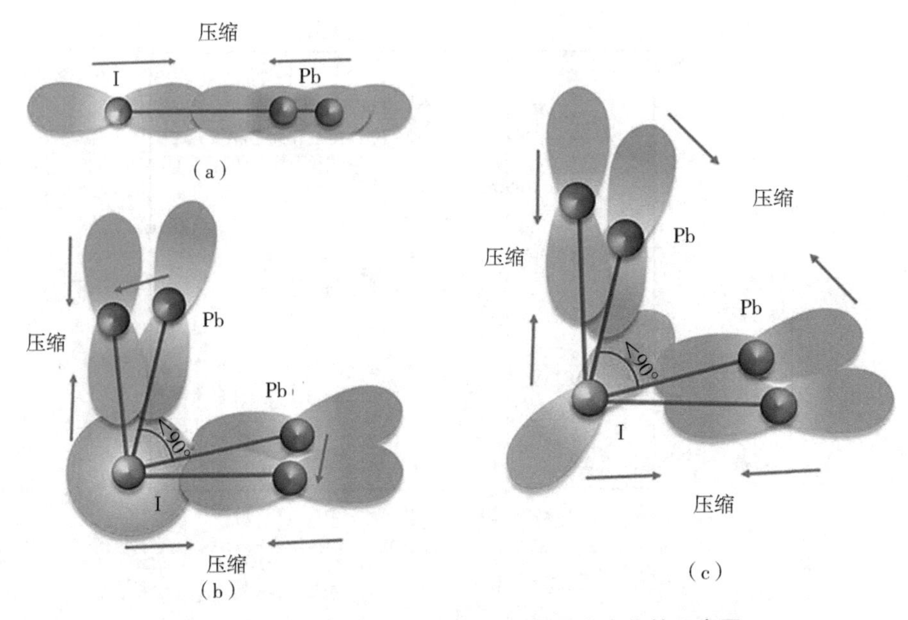

图 3.15　Pb—I 键长和 Pb—I—Pb 键角随压力变化的示意图

(a) Pb 6p 和 I 5p 之间增强的轨道耦合；(b) Pb—I_4—Pb 增大的键角和 Pb—I 变短的键长增强了 Pb 6p 和 I 5s 轨道的耦合；(c) 键长缩短，键角减小，Pb 6p 和 I 5p 之间的轨道耦合增强

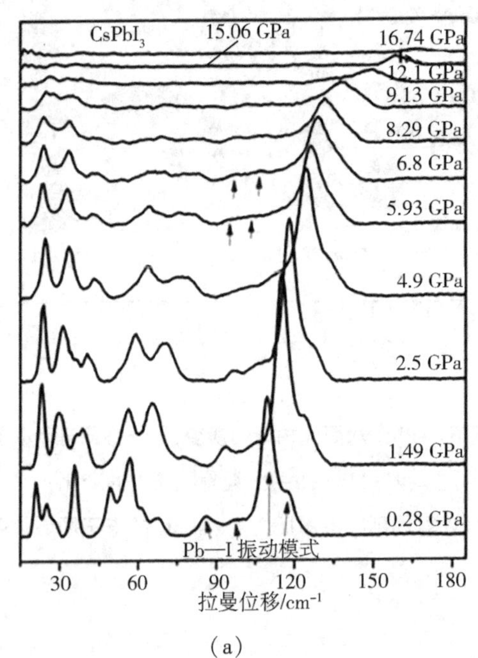

(a)

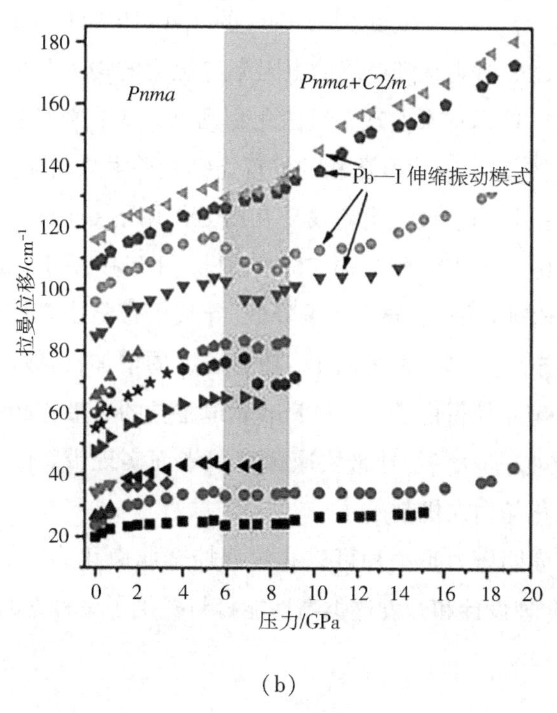

(b)

图 3.16　加压到 16.7 GPa 时的拉曼光谱和振动模式

(a)在不同压力下的拉曼光谱；(b)拉曼振动峰位随压力的变化

3.4　小结

笔者通过原位高压实验测量技术结合第一性原理计算方法，系统地研究了 $CsPbI_3$ 的电子和结构在高压下的变化。得到如下结论：

(1)通过高压紫外可见吸收光谱测量发现，样品的带隙在压力的作用下呈线性降低，在 13.5 GPa 时减小到肖克利-奎伊瑟极限(1.34 eV)。更高压力的红外反射光谱表明，在 42.6 GPa 下 $CsPbI_3$ 出现由自由电子主导的金属性。

(2)通过高压 XRD 谱图笔者发现，$CsPbI_3$ 在 6.9 GPa 出现新的布拉格衍射峰，开始发生相变。经过 6.9~18.1 GPa 的混相区，$CsPbI_3$ 完全由 *Pnma* 相转变为 *C2/m* 相，且伴随着 12%的体积坍塌。

(3)通过交流阻抗谱和变温高压四电极电阻测量，$CsPbI_3$ 的电阻率由

25.7 GPa 的 1.06 Ω · cm 降低到 62.1 GPa 的 3.4×10^{-4} Ω · cm,降低了 4 个数量级,并在 39.3 GPa 时观察到金属的电阻率与温度的强关联特性,直接证明了 $CsPbI_3$ 的金属化。这是首次发现金属卤化物钙钛矿具有新型有序金属相,它是一种全新的物质,$CsPbI_3$ 有序金属相的发现为钙钛矿家族增加了新的成员。

(4)基于第一性原理计算,笔者发现在压力作用下 $CsPbI_3$ 的八面体结构发生严重扭曲,在 0~10 GPa 范围内 Pb—I 键长和 Pb—I—Pb 键角逐渐减小,Pb 6p 和 I 5p 轨道耦合增强,导带能量降低,导致了带隙由常压的 2.5 eV 快速降到了肖克利-奎伊瑟极限(1.3 eV)。随着压力的增加,持续减小的 Pb—I 键长和 Pb—I—Pb 键角使得由 Pb 6p 和 I 5p 轨道主导的导带和 Pb 6s 和 I 5p 轨道主导的价带耦合进一步增强,导带快速穿越费米面实现带隙闭合,阐明了带隙减小和压致金属化的内在机制。

该研究成果表明压力是一种可以有效调控金属卤化物钙钛矿材料结构和性质的手段,为合理设计和开发这类高性能材料提供了一种新的路径。

第 4 章　高压下氢键诱导二维钙钛矿 $(PA)_8Pb_5I_{18}$ 的荧光增强

4.1　$(PA)_8Pb_5I_{18}$ 研究背景

三维无机杂化钙钛矿 $CsPbI_3$ 不仅在太阳能电池的应用中具有良好的稳定性,其良好的发光性能在光电二极管领域也有很大的应用潜能。而拥有特殊结构的二维有机-无机杂化钙钛矿因其独特的量子阱结构和介电限制效应,拥有更高的激子结合能,如图 4.1(a)和图 4.1(b)所示,稳定的激子使其比三维同类物拥有更高的发光效率。在二维有机-无机杂化钙钛矿中,有三种不同但相关的激子类型,分别为自由激子、束缚激子和自陷激子。自由激子是在材料中自由迁移的中性电子-空穴准粒子,基本上不受晶格中的缺陷或杂质影响。但是,激子可以与缺陷相互作用,局域化到杂质上成为束缚激子。例如,掺 Bi^{3+} 的 $[C_6H_5(CH_2)_2NH_3]_2PbI_4$ 钙钛矿,这些束缚激子相对于自由激子能量更低、更稳定,从而导致所产生的光致发光有较大的斯托克斯频移。激子甚至可以在不存在晶格缺陷的情况下通过产生瞬时晶格缺陷局域化,该过程被称为“自陷”。在激子与晶格之间具有显著耦合作用的材料中,激子产生一个晶格畸变,并被其自身引起的畸变俘获,如图 4.1(c)和图 4.1(d)所示。尽管激子是中性准粒子,不带电,但自陷激子与极化子(由强载流子-声子耦合而引起局部晶格畸变的电荷载流子)极为相似。自陷激子也被视为激发态缺陷,因为它们仅在激发时存在,并在晶格畸变消失后衰减至基态。激子的自陷通常发生在各种绝缘体和半导体上,如冷凝的稀有气体、多环芳烃、碱金属卤化物和卤化铅。由于激子自陷所伴随的大幅结构畸变和能量降低,因此它产生的荧光通常很宽,能量较低,斯托克斯频移大。

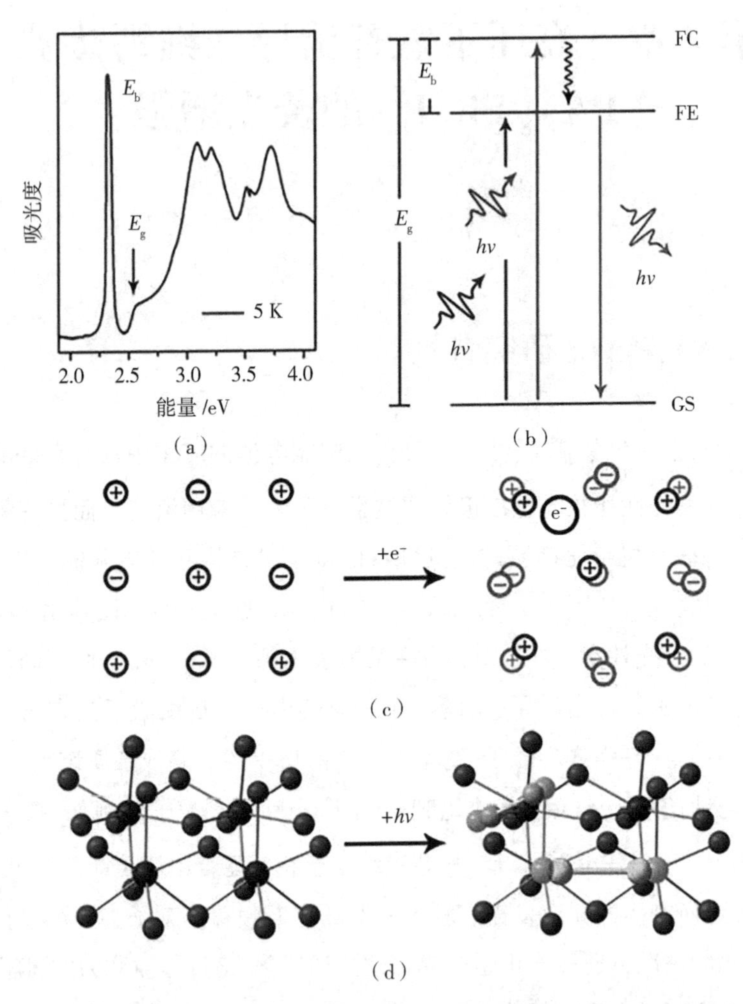

图 4.1 (a)二维 Pb-I 钙钛矿的吸收光谱(E_g=能带,E_b=激子结合能);(b)二维铅卤化物钙钛矿的激子跃迁能级图(FC =自由载流子,FE =自由激子,GS =基态);(c)向离子晶格中添加电子导致极化,形成晶格的长程畸变;(d)$PbBr_2$ 晶体结构

近年来,人们开始用不同的方法调控二维钙钛矿的结构,试图制造更深的

自陷态，俘获更多激子以获得具有更高发光效率的材料。2017 年，刘罡等人首次对二维有机杂化钙钛矿$(BA)_2(MA)Pb_2I_7$进行高压研究，并使其带隙减小了 633 meV。当把压力卸至常压时，获得一个 1.5 倍增强的宽荧光峰。他们的研究为调整二维杂化钙钛矿的光电性能开辟了新的道路。2018 年，邹勃课题组发现二维有机杂化钙钛矿苯乙胺铅溴$(C_6H_5C_2H_4NH_3)_2PbBr_4$在压力作用下会出现一个由自陷态引起的新的荧光宽峰，并使其带隙减小了约 0.5 eV。随后申泽骧利用高压技术对二维有机杂化钙钛矿$(C_4H_9NH_3)_2PbI_4$进行了综合探究。样品在 0.1 GPa 和 1.4 GPa 经历了 *Pbca*(1b)相到 *Pbca*(1a)相再到 $P2_1/a$ 相的转变，并在 0.4 GPa 出现自陷激子荧光寿命的延长。在此之后，王霖等人将$(C_4H_9NH_3)_2PbI_4$的带隙减小到 1 eV，达到了肖克利–奎伊瑟极限对应的最佳光学带隙(1.34 eV)，并在 9.9 GPa 使荧光寿命延长 20 倍。这是压力使二维有机杂化钙钛矿荧光寿命变长的最高纪录。尽管人们对压力引起的荧光性质的增强进行了大量研究，但是大大提高光学性能仍然是一个巨大的挑战。于是深入了解二维有机钙钛矿的结构与性质的关系，探究有机阳离子与无机 PbI_6 八面体之间氢键对结构的内在作用机制成为亟待解决的问题。对于二维钙钛矿丙胺铅碘$(C_3H_7NH_3)_8Pb_5I_{18}(C_3H_7NH_3=PA)$来说，常压下的结构由共角和共面的 PbI_6 八面体的二维无限薄层组成，其晶格沿 *c* 轴终止于 3 个丙胺阳离子层。在这种结构中，丙胺中 NH_3 上的 H 与 PbI_6 八面体上的 I 原子形成氢键，组成有机层和无机层有序排列的庞大结构，从而形成天然的量子阱结构，如图 4.2 所示。但是到目前为止，在压力作用下二维钙钛矿$(PA)_8Pb_5I_{18}$光学性能还是未知的。因此，揭示其在高压下光学性质的演化，同时探究氢键对其在高压下光学行为的影响，有重要的科学意义和应用价值。

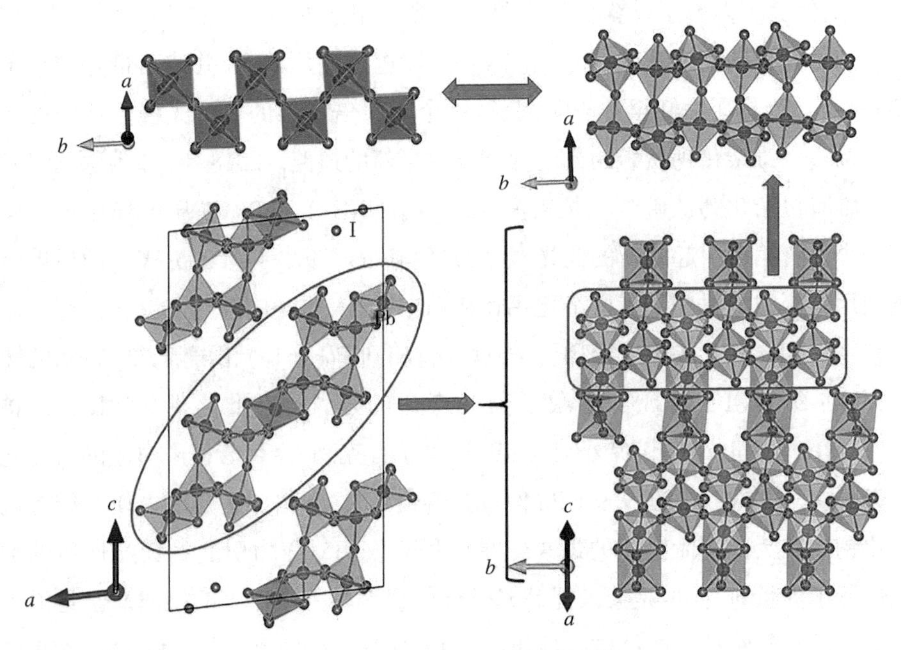

图 4.2 $(PA)_8Pb_5I_{18}$ 的结构剖析

4.2 实验方法

本实验所用的$(PA)_8Pb_5I_{18}$样品纯度大于 99.9%,不需要再次提纯。由于样品对空气中的水和氧气比较敏感,为了防止样品变质,将样品保存在充满 Ar 的手套箱里。高压实验过程中样品的填装过程均在 Ar 手套箱里完成。所有的高压实验均是利用 DAC 装置完成的,金刚石砧面直径为 300 μm,其中高压荧光、高压紫外可见吸收和高压时间分辨荧光光谱实验使用的是具有低荧光的Ⅱa 型金刚石,最高加载到 36 GPa。密封垫片采用 T301 不锈钢片,垫片预压厚度为 45 μm,在垫片压痕中间用精密激光打出一个直径为 120 μm 的圆孔作为样品腔,然后将几十微米级的样品微晶和直径为 15 μm 的红宝石球一起放入样品腔内。在测量 XRD 时,需将样品研磨成粉末。而对于荧光和时间分辨荧光光谱实验,红宝石应远离样品放置,防止红宝石对样品信号产生干扰。压力的标定采用红宝石荧光标压技术。此外,使用硅油作为高压紫外可见吸收、高压时间分辨荧光光谱、高压荧光以及同步辐射XRD实验中的传压介质。而在高压红外吸收实验中,使用液氩作为传压介质以避免硅油信号的干扰。

高压荧光实验在HR Evolution光谱仪上进行,该系统搭配一个电制冷的CCD探测器以及473 nm的固体二极管激光器。高压红外吸收实验采用的是Bruker VERTEX 70v红外光谱仪,系统配有HYPERION 2000红外显微镜并使用液氮制冷的MCT探测器,波长范围为500~7000 cm^{-1}。紫外可见吸收实验中光源为氘-卤素灯(DH 2000,26 W),采用QE65000光谱仪,测量范围为300~1000 nm,分辨率为0.25 nm。高压同步辐射XRD实验是在BSRF的4W2光束下进行的,入射光波长λ=0.6199 Å,光斑大小$S=20\times36\ \mu m^2$。使用CeO_2对测试系统进行校正,用Mar345探测仪收集衍射信号,然后用FIT2D软件对原始衍射数据进行积分得到一维衍射谱,最后通过Materials Studio软件内的Reflex模块进行Rietveld粉末衍射结构精修,获得样品晶体结构的信息,分析样品在压力作用下的结构演变。

4.3 结果与分析

4.3.1 高压荧光和紫外可见吸收光谱

将样品$(PA)_8Pb_5I_{18}$密封在金刚石砧面直径300 μm、样品腔直径120 μm的DAC装置中进行原位高压荧光(PL)研究。在相同的条件下拍摄到一系列样品腔的荧光照片,如图4.3(a)所示,研究$(PA)_8Pb_5I_{18}$的荧光颜色和强度随压力的变化。在常压下,样品发出绿色的荧光。在压力增加到3.5 GPa的过程中,$(PA)_8Pb_5I_{18}$的发光强度得到了极大提高,颜色也由绿色逐渐变为耀眼的黄色。当压力进一步增加时,样品发光颜色由黄色变成深红色,亮度也逐渐减弱,在11.4 GPa基本消失。为了揭示$(PA)_8Pb_5I_{18}$在高压下发光性质的巨大变化,笔者对样品进行了高达15.2 GPa的原位高压荧光光谱测量,如图4.3(b)和图4.3(c)所示。在常压下,笔者观察到在519 nm处有一个较窄的荧光峰。

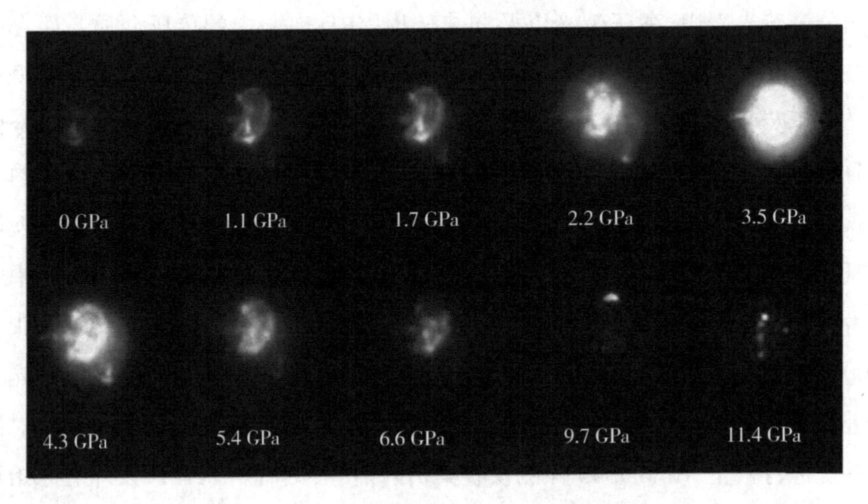
0 GPa
1.1 GPa
1.7 GPa
2.2 GPa
3.5 GPa
4.3 GPa
5.4 GPa
6.6 GPa
9.7 GPa
11.4 GPa

(a)

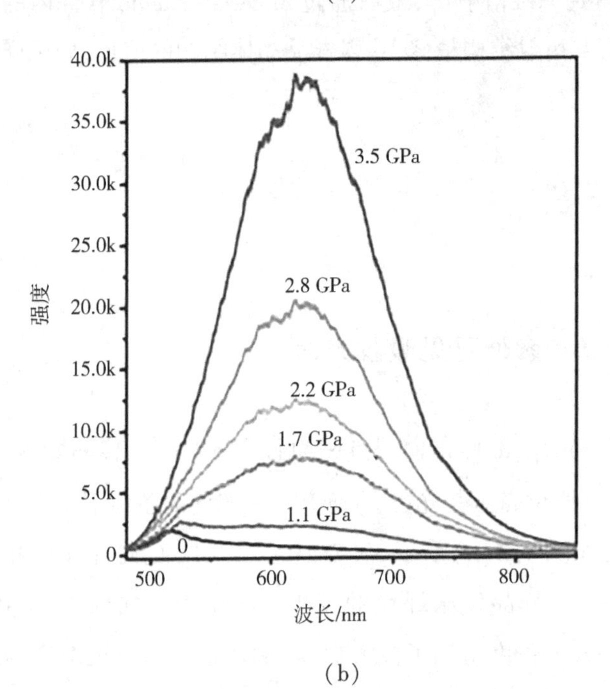
40.0k
35.0k
30.0k
25.0k
20.0k
15.0k
10.0k
5.0k
0
强度
3.5 GPa
2.8 GPa
2.2 GPa
1.7 GPa
1.1 GPa
0
500
600
700
800
波长/nm

(b)

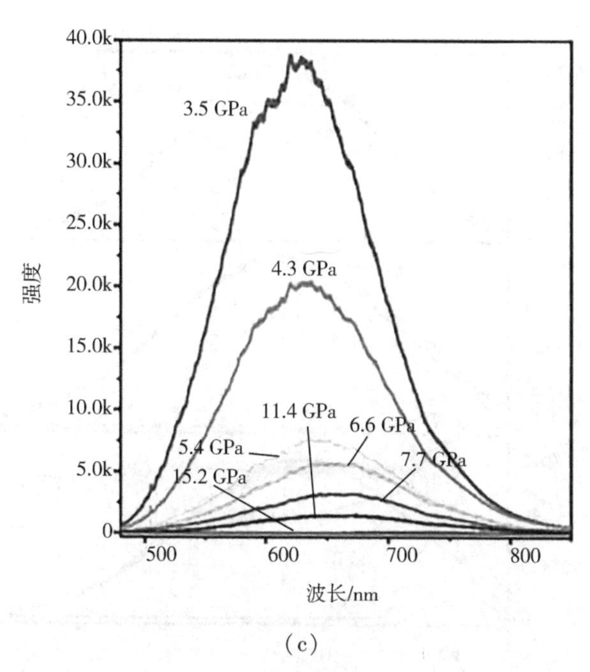

(c)

图 4.3　(a)$(PA)_8Pb_5I_{18}$在选定压力下的荧光照片；(b)和(c)荧光光谱随压力的变化

除了这个高能量的荧光峰以外，在低能量处笔者观察到一个较宽的荧光带尾，可能是由激子-声子耦合俘获的束缚激子辐射跃迁引起的。因此，笔者用多峰高斯方程将$(PA)_8Pb_5I_{18}$的荧光光谱拟合出位于 519 nm 的峰 A 和 572 nm 的峰 B，如图 4.4(a)所示。随着压力的增加，峰 B 逐渐增强。两个峰的强度在 1.1 GPa 时相当。由图 4.4(b)和图 4.4(c)可以看出，压力继续增加时，峰 A 的强度不断降低，同时伴随着明显的红移。此时峰 B 峰位的移动速率可达到 32.9 $nm \cdot GPa^{-1}$，强度也明显增强(表 4.1 和表 4.2)，并在 1.7 GPa 主导了所测到的荧光峰。当峰 A 在 3.5 GPa 消失的时候，峰 B 的强度增强了 80 倍，并横跨 300 nm 的宽度，它的斯托克斯频移也达到了 647 meV。这种现象可能来自自由激子和自陷激子的辐射跃迁的竞争。随着压力的进一步增加，峰 B 的荧光峰强度逐渐减弱，直至 15.2 GPa 完全消失，这表明压力引起了越来越多的缺陷，产生了强烈的非辐射复合过程。

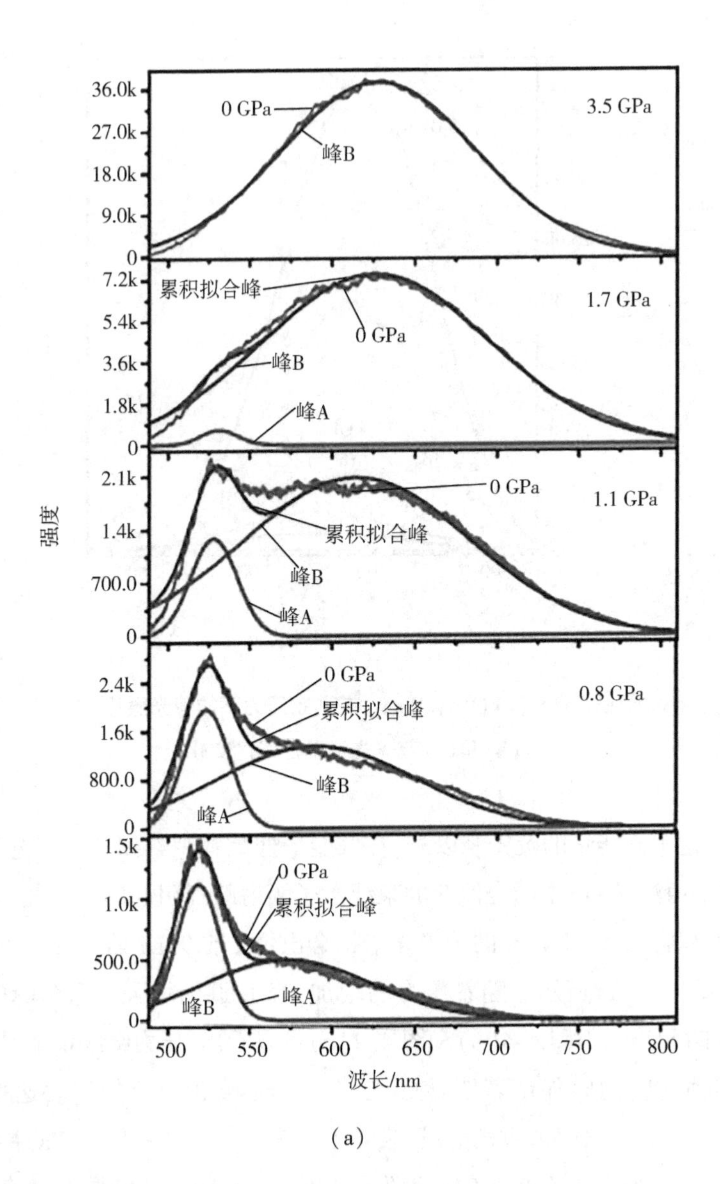
36.0k
27.0k
18.0k
9.0k
0
0 GPa
峰B
3.5 GPa
7.2k
5.4k
3.6k
1.8k
0
累积拟合峰
0 GPa
峰B
峰A
1.7 GPa
2.1k
1.4k
700.0
0
0 GPa
累积拟合峰
峰B
峰A
1.1 GPa
2.4k
1.6k
800.0
0
0 GPa
累积拟合峰
峰B
峰A
0.8 GPa
1.5k
1.0k
500.0
0
0 GPa
累积拟合峰
峰B
峰A
强度
500
550
600
650
700
750
800
波长/nm

（a）

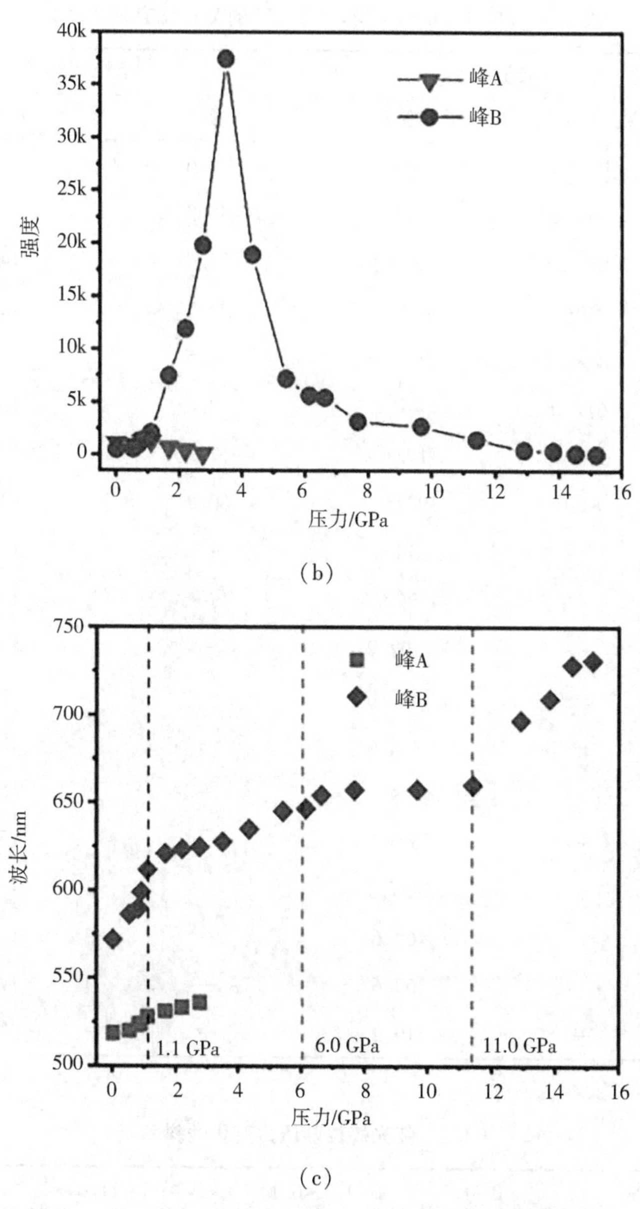

(b)

(c)

图4.4　(a)对$(PA)_8Pb_5I_{18}$的PL光谱进行高斯多峰拟合；$(PA)_8Pb_5I_{18}$的(b)PL强度和(c)峰位随压力的变化

表 4.1 $(PA)_8Pb_5I_{18}$ 在不同压力下的荧光强度和半峰宽

压力/GPa	荧光强度		半峰宽/nm	
	峰 A	峰 B	峰 A	峰 B
0	1122.6	495.2	31.6	120.3
0.6	919.2	522.1	35.9	141.7
0.8	1259.7	1355.9	33.0	140.2
0.9	1529.3	1398.6	33.1	151.4
1.1	1294.1	2094.6	33.5	161.5
1.7	672.0	7465.1	68.8	153.6
2.2	390.1	11921.9	52.9	146.3
2.8	87.0	19815.7	60.8	138.3
3.5	—	37459	—	134.5
4.3	—	18927.6	—	137.9
5.4	—	7192.7	—	145.8
6.1	—	5610.8	—	150.1
6.6	—	5432.4	—	151.0
7.7	—	3154.5	—	151.8
9.7	—	2695.0	—	153.3
11.4	—	1437.2	—	158.8
12.9	—	462.6	—	158.3
13.8	—	362.6	—	174.3
14.5	—	119.2	—	217.3

表 4.2 荧光峰位随压力变化的斜率

压力/GPa	0~1.1	1.1~6.1	6.1~11.4	11.4~15.2
峰 B/($nm \cdot GPa^{-1}$)	32.9	6.0	1.0	19.3
峰 A/($nm \cdot GPa^{-1}$)	—	13.6	—	—

图 4.5 记录了$(PA)_8Pb_5I_{18}$ 在 1 atm 至 6.1 GPa 范围内荧光的色度坐标演化。根据色度坐标，样品在常压下的荧光在左上区域，色度坐标为(0.36, 0.56)。在加压过程中，样品除了较大的颜色变化外，$(PA)_8Pb_5I_{18}$ 的荧光在 1700~2500 K 范围内还表现出可调节的色温，由此可用于多种室内照明装置。因此，通过高压技术和合理的器件结构，可使用$(PA)_8Pb_5I_{18}$ 设计一种适用于多种场合的变色 LED。

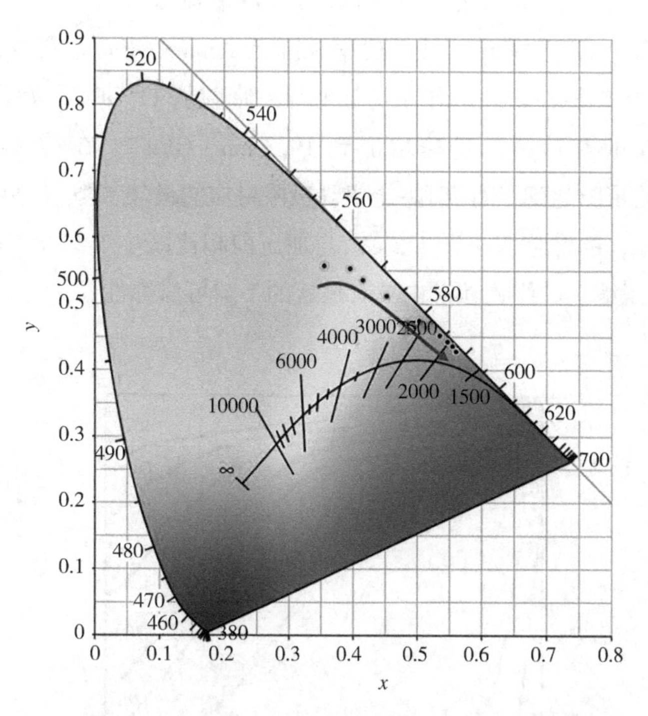

图 4.5　$(PA)_8Pb_5I_{18}$ 的荧光色度坐标随压力的变化

为了探究$(PA)_8Pb_5I_{18}$ 在压力作用下带隙的变化，笔者进行了紫外可见吸收光谱测量。在常压环境下，$(PA)_8Pb_5I_{18}$ 在 518 nm 处有一个陡峭的吸收边，如图 4.6(a)所示，并呈现出透明的黄色。在压力增加的过程中，吸收边持续红移，在约 30 GPa 时进入近红外区域，并在 46.1 GPa 时移出探测区域。随后笔者通过 Tauc plots 线性外延法计算出$(PA)_8Pb_5I_{18}$ 的带隙值。在低于 1.1 GPa 的压力区域，带隙快速红移了 0.1 eV，这可能是由 Pb—I 键长变短引起的，因为键长缩短可以增强 Pb 6p 轨道和 I 5p 轨道的耦合，降低导带的能量。这和荧光峰

B 在低于 1.1 GPa 压力时的快速移动是一致的，如表 4.2 所示。在压力高于 1.1 GPa 时带隙的变化减缓，此时的移动速率为-0.05 $eV \cdot GPa^{-1}$，荧光峰 B 的红移速率降到 6 $nm \cdot GPa^{-1}$。这种现象可能是由减小的 Pb—I—Pb 键角和缩短的 Pb—I 键长之间的竞争引起的。如图 4.7 所示，Pb—I 键长变短会使 Pb 6p 和 I 5p 耦合增强，而 Pb—I—Pb 键角减小会使 Pb 6p 和 I 5p 耦合减弱。当压力增加到 6 GPa 时，Pb—I—Pb 键角的减小对带隙的影响有所增大，但缩短的 Pb—I 键长对带隙的作用仍然占主导作用，使得带隙随压力的减小速率降到 -0.03 $eV \cdot GPa^{-1}$，荧光峰 B 的移动速率也降至 1 $nm \cdot GPa^{-1}$。随着进一步加压，Pb—I 键长的缩短对带隙的作用更加明显。带隙从 11 GPa 开始迅速减小，此时荧光峰 B 的红移速率迅速增加到 19.3 $nm \cdot GPa^{-1}$。在约 24 GPa 时，$(PA)_8Pb_5I_{18}$ 的带隙达到了肖克利-奎伊瑟极限对应的最佳带隙(1.34 eV)。卸压后$(PA)_8Pb_5I_{18}$ 的带隙返回到 2.2 eV，与加压前相比减小了约 0.1 eV。这预示着通过晶格压缩在二维钙钛矿中具有显著的带隙可修饰性。

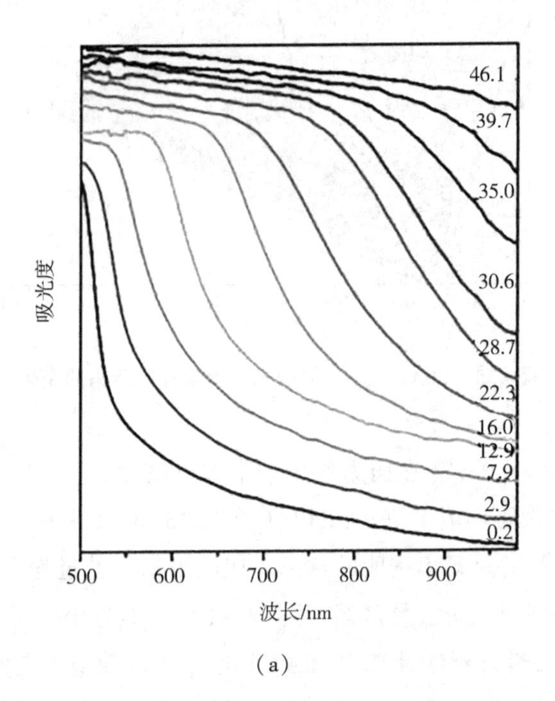

(a)

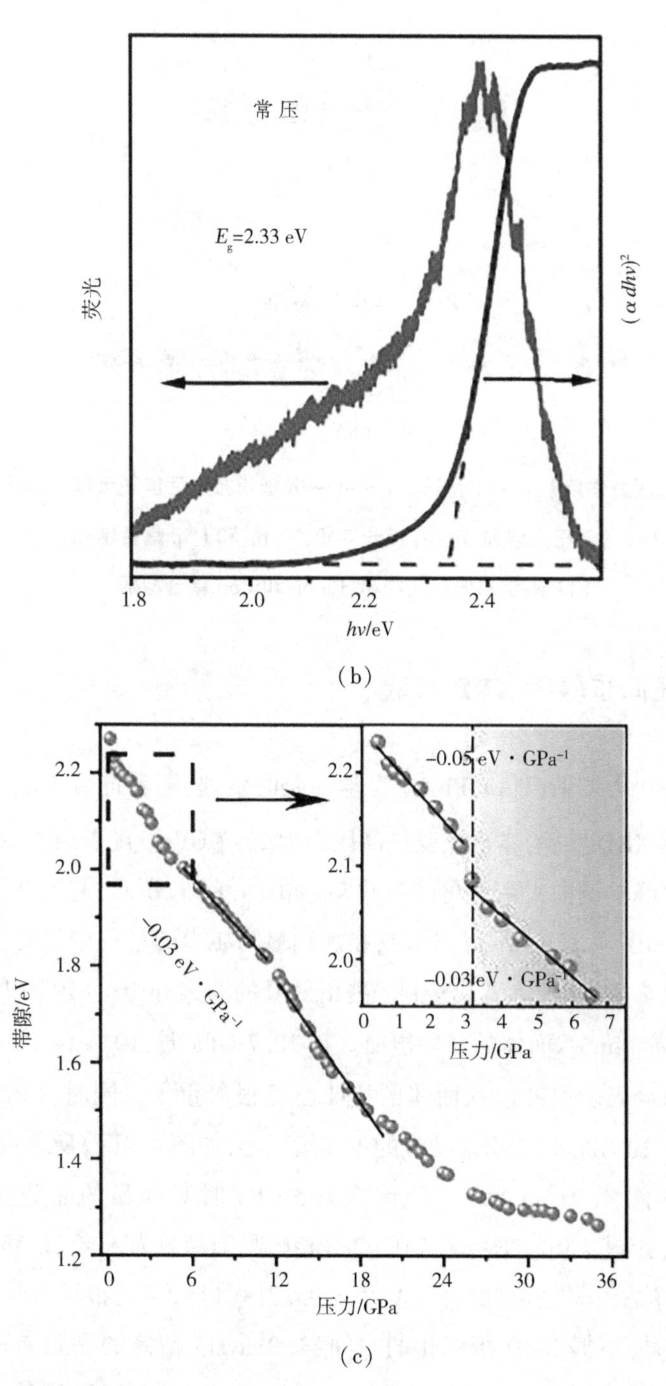

图 4.6　(a)加压过程中$(PA)_8Pb_5I_{18}$的吸收光谱;(b)$(PA)_8Pb_5I_{18}$在常压下的 Tauc plots 谱和荧光光谱;(c)带隙随压力的演变,插图为 0~5.5 GPa 范围内带隙的放大,实线是对带隙的线性拟合

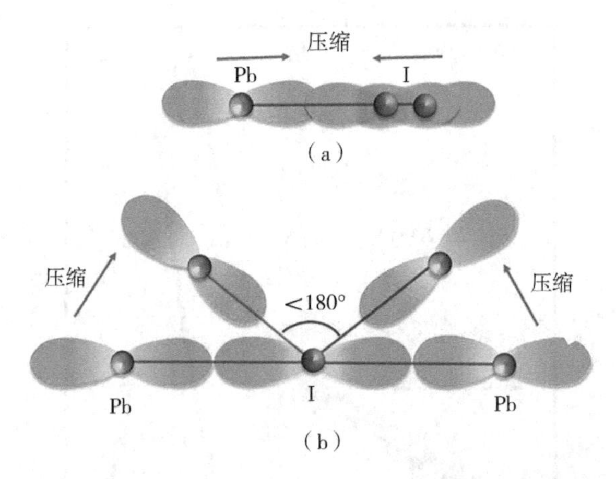

图 4.7 压力作用下 Pb—I 键长和 Pb—I—Pb 键角减小后电子云耦合示意图

(a)随着压力增加,Pb—I 键长变短,Pb 6p 和 I 5p 耦合增强;

(b)Pb—I—Pb 键角减小,Pb 6p 和 I 5p 耦合减弱

4.3.2 高压同步辐射 XRD 实验

为了探究压力调谐$(PA)_8Pb_5I_{18}$光学性质的机理,笔者进行了原位高压角散射同步辐射 XRD 实验,本次实验最高压力为 22.7 GPa。随着压力的增加,所有布拉格衍射峰单调向大衍射角(2θ)移动,如图 4.8(a)所示,与不断减小的晶面间距一致,如图 4.8(b)所示。同时,在加到最高压力的过程中没有新的衍射峰出现。在 3.7 GPa 时,笔者观察到一些衍射峰的消失和 16°~19°之间衍射峰的宽化,预示着PbI_6八面体的轻微扭曲。在 10.7 GPa 时,10°~14°之间出现一个很宽的衍射峰,说明PbI_6八面体的扭曲已经很严重了。同时,$(PA)_8Pb_5I_{18}$的晶胞参数在 10 GPa 附近出现明显的不连续减小,如图 4.9(c)所示,晶胞体积塌缩了 6%,如图 4.9(b)所示。笔者在 0.5 GPa 时对样品的晶胞参数进行 Rietveld 精修,如图 4.9(a)所示,得到 $P2/c$ 相的晶胞参数为 a = 22.587(4) Å、b = 8.756(1) Å、c = 38.306(3) Å、β = 95.718(1)°,与已报道的结果一致。在 10.7 GPa 时,根据 XRD 指标化的空间群,Rietveld 精修的晶胞参数为 a = 21.869(3) Å、b = 8.488(2) Å、c = 35.481(1) Å、β =95.333(2)°。因此,笔者认为$(PA)_8Pb_5I_{18}$在 10.7 GPa 发生了等结构相变。

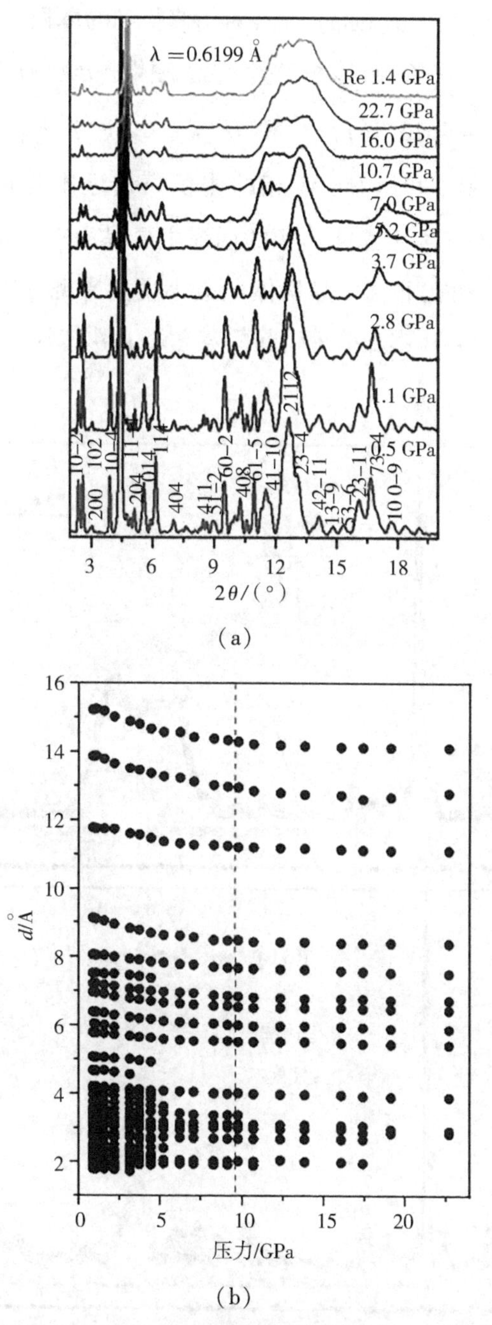

图 4.8　(a)$(PA)_8Pb_5I_{18}$ 在不同压力下的 XRD 谱图；
(b)晶胞中晶面间距随压力的变化

笔者用三阶 Birch-Murnaghan 方程对精修得到的体积-压力数据进行拟合，得到两相体积模量的一阶导、体积模量和晶胞体积分别为 $B'_{I0}=6.8(1)$、$B_{I0}=46.4(2)$ GPa、$V_{I0}=7616.9(1)$ Å^3 和 $B'_{II0}=6.2(1)$、$B_{II0}=112.9(1)$ GPa、$V_{II0}=7046.9(3)$ Å^3。可以看出 I 相的体积模量远比 II 相的小（46.4 GPa < 112.9 GPa），因为在 I 相中晶格体积的塌缩主要是由于 PbI_6 八面体的扭曲和 Pb—I 键长的缩短，而在 II 相中晶格体积减小主要来源于 Pb—I 键长的缩短。这和在 11 GPa 由 Pb—I 键长缩短引起的荧光峰 B 快速红移一致。

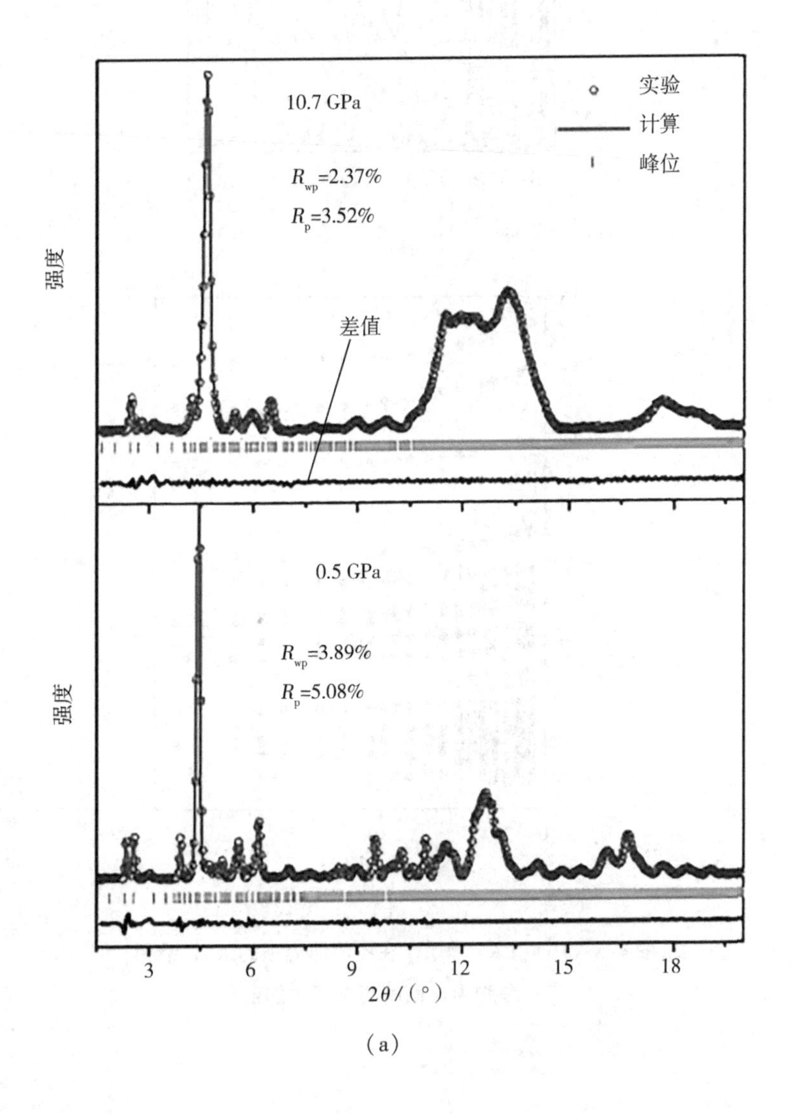

(a)

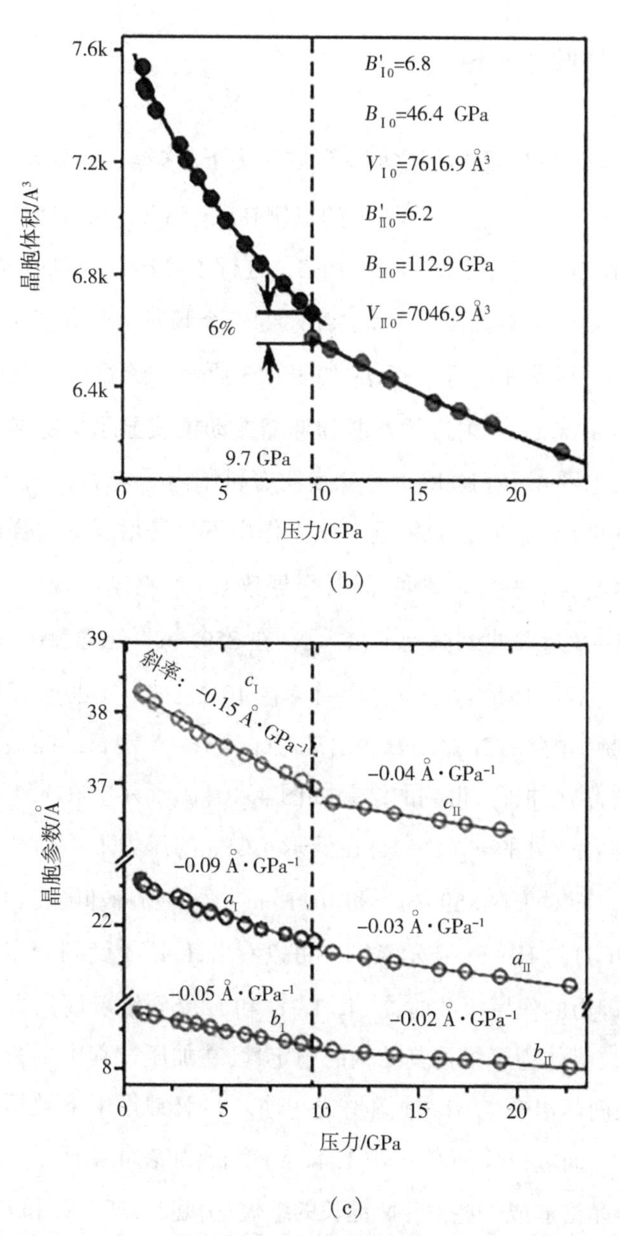

图 4.9　(a) $(PA)_8Pb_5I_{18}$ 在 0.5 GPa 和 10.7 GPa 时的 Rietveld 精修结果；$(PA)_8Pb_5I_{18}$ 的(b)晶胞体积和(c)晶胞参数与压力的关系

4.3.3 高压红外吸收光谱

红外光谱是表征 PbI_6^+无机层之间 PA^+在压力下的振动，并阐明与I离子形成氢键的强度的强大工具。压力作用下的氢键在调节 PbI_6 八面体构型中起着重要作用。笔者在20.5GPa下对$(PA)_8Pb_5I_{18}$进行了高压红外吸收实验研究。PA^+的振动模式主要集中在如图4.10(a)所示的三个频段。笔者基于已报道的文献对$(PA)_8Pb_5I_{18}$振动峰进行了指认，如表4.3所示。随着压力的增加，N—H在1500 cm^{-1}和3100 cm^{-1}附近的弯曲和伸缩振动模式显示出明显的红移和突出的模式软化，如图4.10(b)所示。这表明有机阳离子内NH_3^+中的H原子和PbI_6八面体中的I原子形成的氢键在压力作用下显著增强。增强的氢键反过来会使NH_3^+中的N—H振动减弱，同时会导致C—N振动出现轻微的红移。在1.4 GPa时，C—N对称伸缩振动ν_s(C—N)在859 cm^{-1}处劈裂出一个新峰，与此同时，C—N反对称伸缩振动ν_{as}(C—N)在1011 cm^{-1}处也劈裂出一个新峰。这两个更高频率的C—N振动峰的出现意味着C—N键长的缩短。对这两个新出现的峰进行高斯拟合，得到的结果如图4.10(c)所示。在851 cm^{-1}处的ν_s(C—N)和1000 cm^{-1}处的ν_{as}(C—N)在低于4 GPa的压力下不断红移，4 GPa之后才开始蓝移。而对于在859 cm^{-1}和1011 cm^{-1}处的新峰却随压力增大不断蓝移。从图4.10(d)的H—N…I示意图中可以看出，I_4原子受到分布其周围的多个PA^+平衡氢键力的作用。此时，I_1、I_2、I_3、I_5和I_6受到沿着箭头方向氢键合力或分力的作用。晶体为了维持其结构的稳定性，在加压过程中不断增强的氢键会牵引PbI_6八面体沿着I_4-I_2轴倾斜或扭曲。在氢键作用下被压缩的C—N'_2(1.44 Å)变短，而被拉伸的C—N_3(1.44 Å)变长，如表4.4所示。可能是扭曲的PbI_6八面体晶格造成一些C—N键长的缩短，引起ν_s(C—N)和ν_{as}(C—N)峰的劈裂。当我们从整个无机骨架中看到扭曲的PbI_6八面体时，就会发现Pb—I—Pb键角会向面内和面外方向弯曲，如图4.11所示。朝面外方向弯曲的晶格会与激子产生很强的耦合作用，并对荧光的增强起到主导作用。这些发现为压力诱导氢键调节PbI_6八面体的倾斜提供了一致的证据。

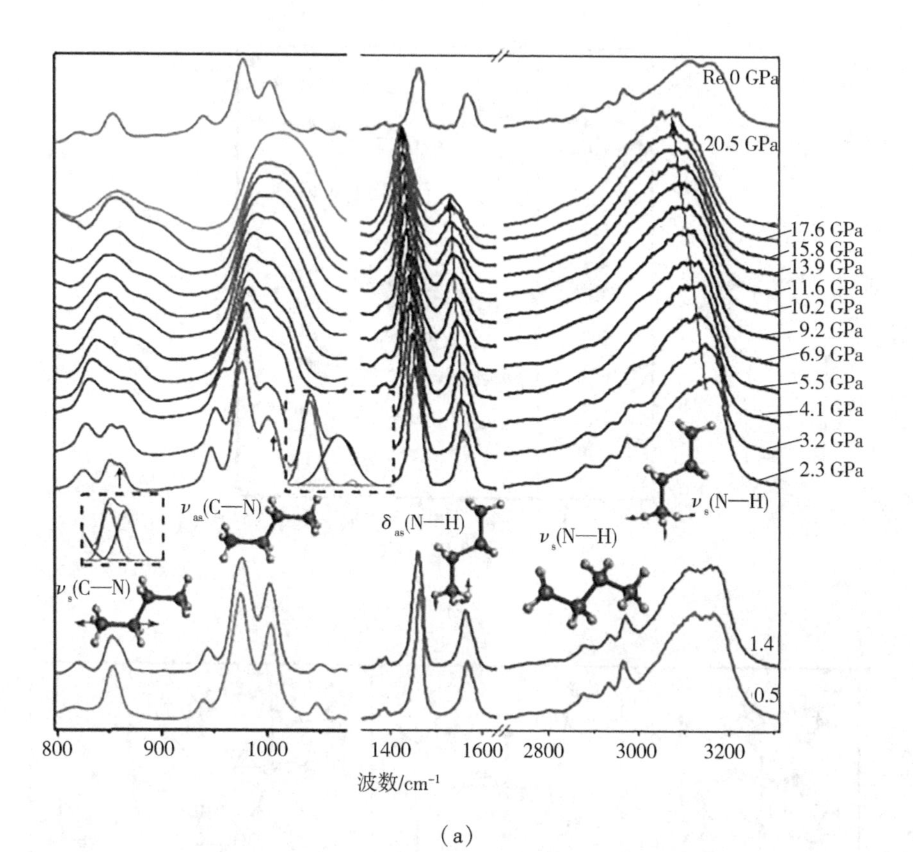
Re 0 GPa
20.5 GPa
17.6 GPa
15.8 GPa
13.9 GPa
11.6 GPa
10.2 GPa
9.2 GPa
6.9 GPa
5.5 GPa
4.1 GPa
3.2 GPa
2.3 GPa
1.4
0.5
ν_s(C—N)
ν_as(C—N)
δ_as(N—H)
ν_s(N—H)
800
900
1000
1400
1600
2800
3000
3200
波数/cm⁻¹

(a)

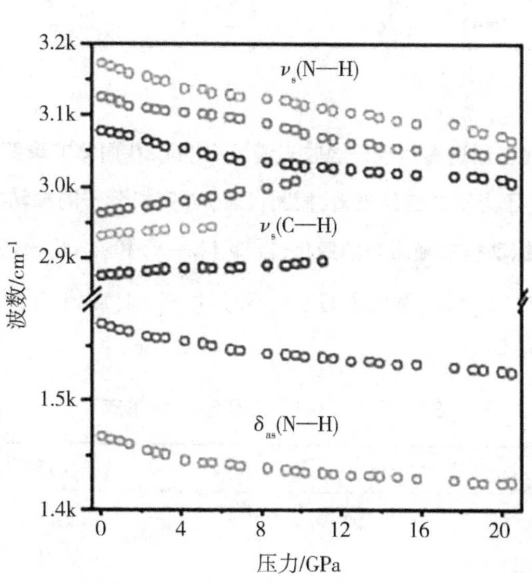
3.2k
3.1k
3.0k
2.9k
1.5k
1.4k
ν_s(N—H)
ν_s(C—H)
δ_as(N—H)
波数/cm⁻¹
0
4
8
12
16
20
压力/GPa

(b)

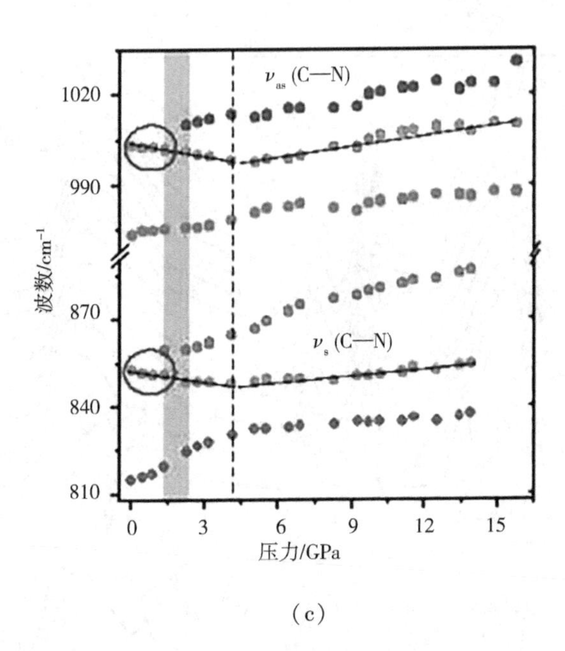

(c)

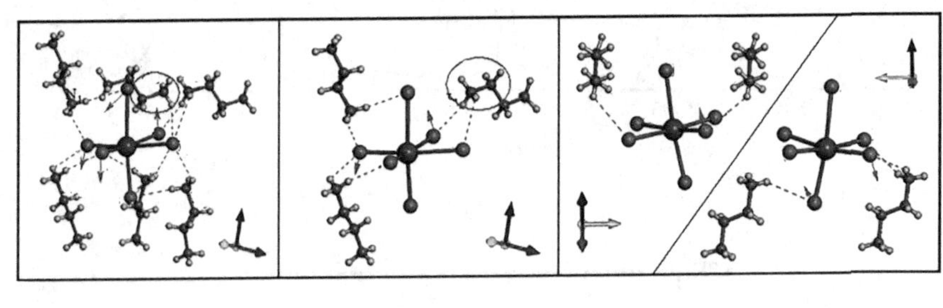

(d)

图 4.10　通过高压红外吸收光谱研究 PbI_6 八面体的畸变

(a) $(PA)_8Pb_5I_{18}$ 在不同压力下的红外光谱，插图代表 PA 有机分子的振动模式，箭头标志着新峰的出现；(b) 不同振动模式随压力的变化；(c) ν_s(C—N) 和 ν_{as}(C—N) 随压力的变化；(d) PbI_6^+ 和 $C_3H_7NH_3^+$ 基团之间形成不同 H—N…I(虚线) 的示意图

表 4.3　$(PA)_8Pb_5I_{18}$ 的红外振动模式

波数/cm^{-1}	振动模式
3172	$\nu_{as}(NH_3^+)$
3124	$\nu_{as}(NH_3^+)$
3077	$\nu_{s}(NH_3^+)$

续表

波数/cm^{-1}	振动模式
1596	$\delta_{as}(NH_3^+)$
1464	$\delta_s(NH_3^+)$
1001, 974	ν_{as}(C—N)
852, 815	ν_s(C—N)

注：ν 为伸缩振动，δ 为弯曲振动，s 为对称，as 为反对称。

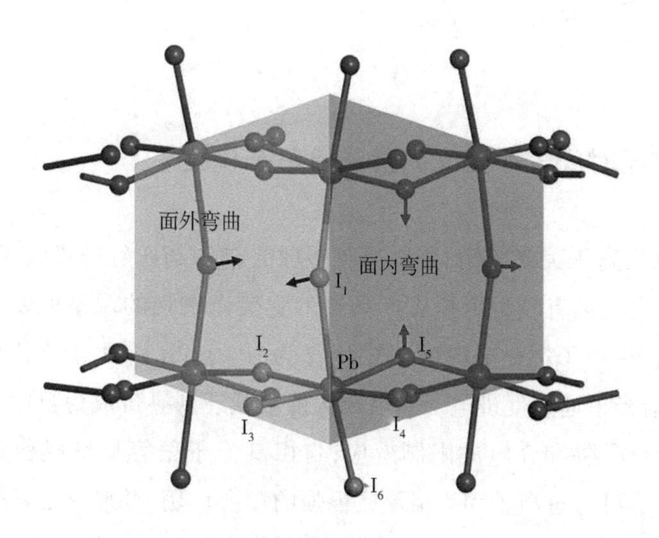

图 4.11　Pb—I 无机骨架中向面内和面外弯曲的 Pb—I—Pb 键角

表 4.4　氢键键长、键角对 C—N 的作用效果

1 atm	A (N—H···I)/(°)	L(C—N)/Å	E	2.3 GPa 畸变后		
				A' (N—H···)	H···I 变化	E'
N'_2—H···I_5	135. 0°	1. 44	压缩	130. 7°	变短	压缩
N_3—H···I_5	168. 9°	1. 44	变长	164. 1°	变短	变长
N'_1—H_A···I_3	166. 2°	1. 47	变长	<166. 2°	变短	压缩
N_1—H_A···I_1	158. 6°	1. 47	变长	>158. 6°	变短	压缩
N_1—H_B···I_2	147. 4°	1. 47	变长	<147. 4°	变短	变长

续表

1 atm	A (N—H…I)/(°)	L(C—N)/Å	E	2.3 GPa 畸变后		
				A′ (N—H…)	H…I 变化	E′
$N'_1—H_B…I_2$	126.7°	1.47	变长	<126.7°	变短	变长
$N'_4—H…I_6$	144.4°	1.52	压缩	>144.4°	变长	—
$N_4—H…I_3$	153.9°	1.52	变长	>153.9°	变短	变长
$N_5—H…I_6$	167.8°	1.50	—	>167.8°	变短	变长

注:E 为氢键对 C—N 作用效果;A 为键角;L 为键长。

4.3.4 高压时间分辨荧光光谱及自陷态模型

结合原位高压荧光光谱、紫外可见吸收光谱和高压红外吸收光谱分析,由自陷激子产生且拥有较大斯托克斯频移的宽荧光增强的现象可以用无机晶格畸变和强激子-声子耦合来解释。图 4.12 为$(PA)_8Pb_5I_{18}$ 的荧光机理分析。在常压下,入射光子通过促进电子或空穴从价带跃迁到导带成为自由载流子而被吸收。由于量子阱和介电的限制效应,自由载流子很容易形成稳定的自由激子。自由激子可通过声子和晶格形成很强的耦合作用,并使晶格发生短暂形变缺陷,这些缺陷反过来会俘获自由激子成为自陷激子。在低压下,由于室温热激活能(k_BT)的存在,自由激子和自陷激子达到共存平衡的状态,导致$(PA)_8Pb_5I_{18}$ 出现了两个峰共存的绿色荧光:一个是由自由激子引起的高能量窄峰;一个是由自陷激子引起的低能量宽峰。随着加压时晶格畸变的增加,变形晶格中的强激子-声子耦合(Huang-Rhys 因子 $S=\Delta^2/2$,其中 Δ 表示两个最小值之间的位移,它通常随着电子-声子耦合强度的增大而增加)会导致更多的自由激子被畸变的晶格局域化。

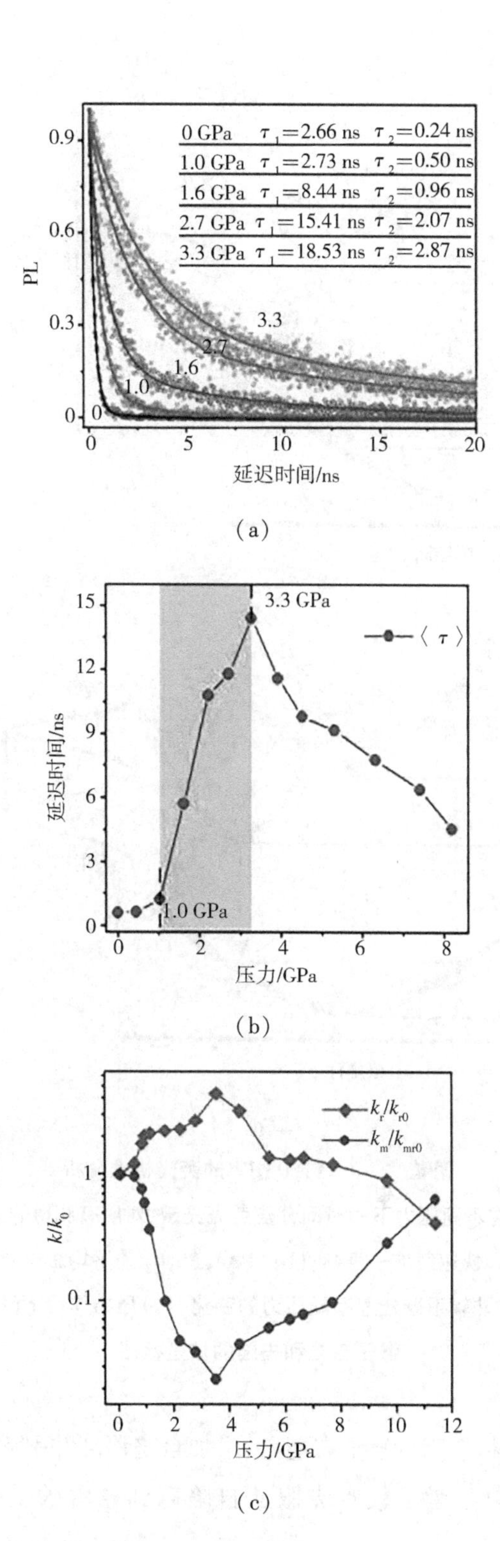
0 GPa τ1=2.66 ns τ2=0.24 ns
1.0 GPa τ1=2.73 ns τ2=0.50 ns
1.6 GPa τ1=8.44 ns τ2=0.96 ns
2.7 GPa τ1=15.41 ns τ2=2.07 ns
3.3 GPa τ1=18.53 ns τ2=2.87 ns
PL
延迟时间/ns
3.3 GPa
1.0 GPa
〈τ〉
延迟时间/ns
压力/GPa
kr/kr0
knr/knr0
k/k0
压力/GPa

(a)

(b)

(c)

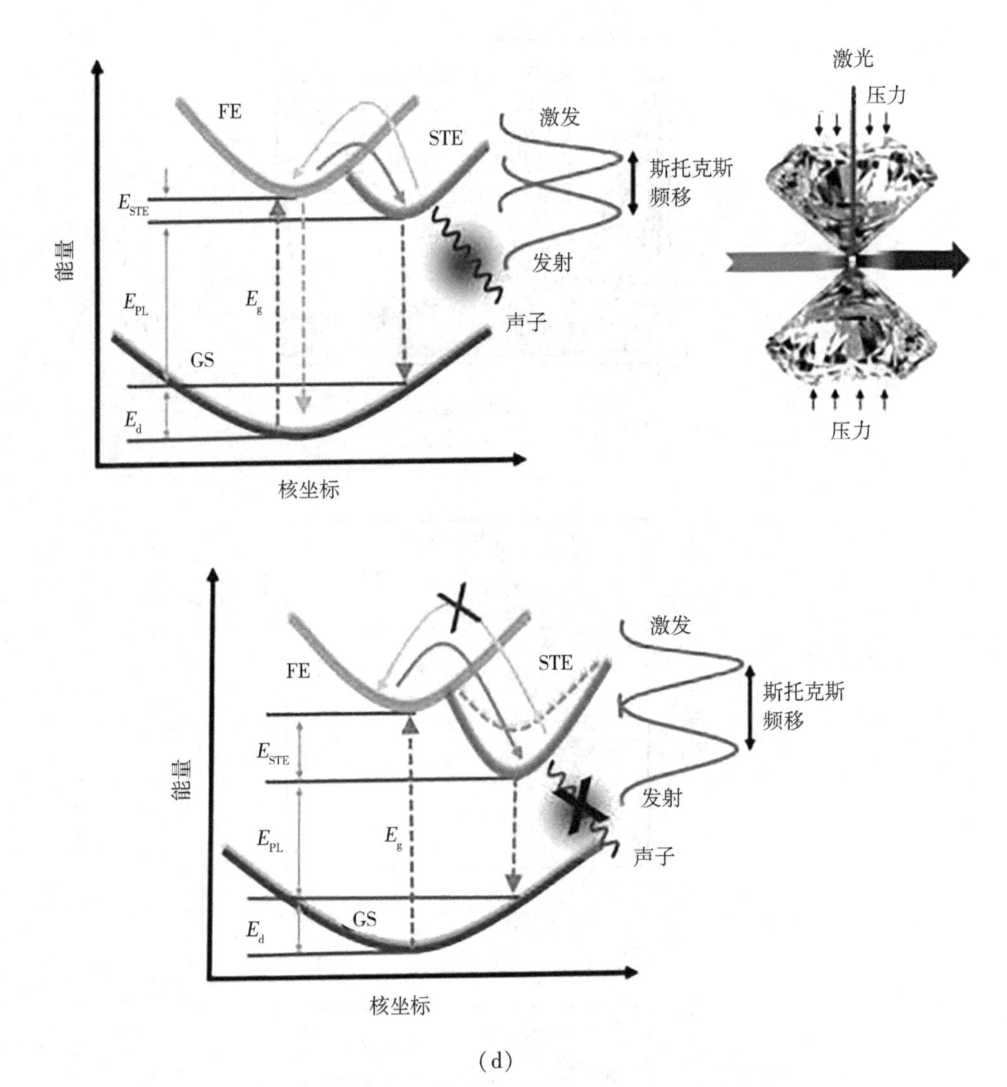

(d)

图 4.12 $(PA)_8Pb_5I_{18}$ 的荧光机理分析

(a) $(PA)_8Pb_5I_{18}$ 在不同压力下的时间分辨荧光光谱，对所有测得的光谱使用双指数函数拟合确定慢速和快速载流子寿命；(b) $(PA)_8Pb_5I_{18}$ 的平均激子寿命随压力的变化；(c) 辐射跃迁和非辐射跃迁速率随压力的变化；(d) 压力作用下 $(PA)_8Pb_5I_{18}$ 中激子自陷和去陷的核坐标图

严重畸变的晶格会降低自陷态能量、增加自陷深度并引起激子去陷能量壁垒的增加。因此，自陷激子较难克服从自陷态到自由激子态的势垒（k_BT <

$E'_{a,detrap}$),而自由激子可轻易地跃迁到自陷态($k_BT > E'_{a,trap}$)。所以,自由激子荧光减弱,自陷激子荧光显著增强。随着PbI_6八面体在更高压力下的严重畸变,自陷态荧光逐渐减弱并在15.2 GPa处完全消失,这是由于晶格中非辐射激子复合的存在。

此外,PbI_6八面体的形态变化不可避免地会改变载流子的动力学,因此笔者通过高压时间分辨荧光光谱来分析载流子动力学。笔者对所有时间分辨谱线进行双指数函数$I_{PL}(t) = I_{int}[\alpha \cdot \exp(-t/\tau_1) + \beta \cdot \exp(-t/\tau_2) + I_0]$拟合,以量化由慢弛豫过程$\tau_1$和快弛豫过程$\tau_2$反映的荧光衰减动力学。$\tau_1$和$\tau_2$分别代表局域化束缚激子和自由激子的弛豫寿命。在常压下,样品慢弛豫过程和快弛豫过程的寿命分别是2.66 ns和0.24 ns。慢弛豫过程和快弛豫过程在压力下均表现出寿命的显著延长。在3.3 GPa时,载流子寿命达到峰值$\tau_1 = 18.53$ ns和$\tau_2 = 2.87$ ns,比常压下延长了6倍以上。与此同时,自陷激子的慢弛豫过程对静态荧光的贡献由常压的10%增加到3.3 GPa时的80%,如图4.13所示。因此,笔者有理由指出大多数激子都被扭曲的PbI_6晶格俘获并位于$(PA)_8Pb_5I_{18}$的有机-无机界面。被俘获的自陷态激子发生辐射跃迁,最终导致荧光发射的增强。考虑到慢弛豫过程和快弛豫过程的相对贡献,笔者计算了平均载流子寿命$\langle\tau\rangle$,它被定义为$[\alpha\tau_1/(\alpha\tau_1+\beta\tau_2)]\tau_1 + [\beta\tau_2/(\alpha\tau_1+\beta\tau_2)]\tau_2$。笔者发现$(PA)_8Pb_5I_{18}$的平均载流子寿命在3.3 GPa延长了24倍。随着施加的压力进一步增加到8.3 GPa,载流子寿命显著缩短,这是由于PbI_6八面体的严重扭曲以及更多由压力引起的缺陷产生了强烈的非辐射复合过程。

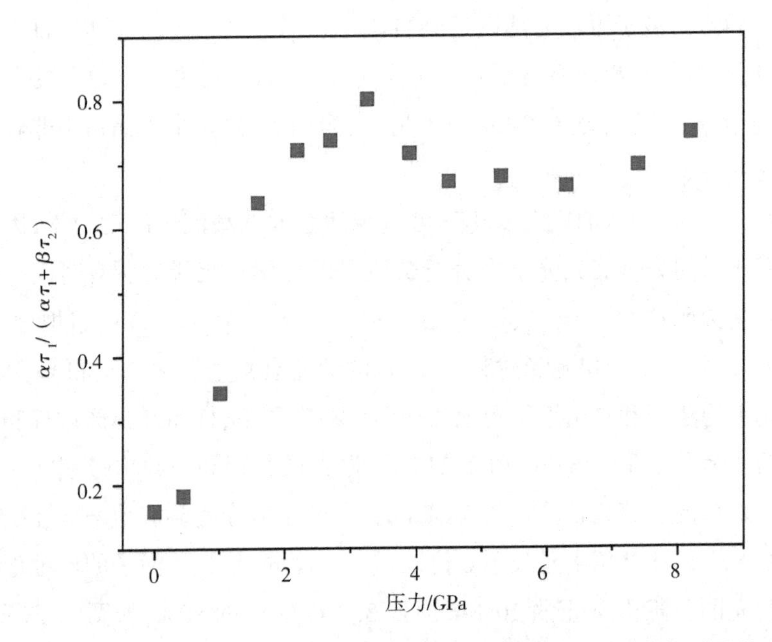

图 4.13 在压力作用下$(PA)_8Pb_5I_{18}$样品束缚激子弛豫过程的相对贡献

4.4 小结

笔者利用高压荧光光谱、紫外可见吸收光谱、高压同步辐射 XRD 谱图、高压红外吸收光谱和高压时间分辨荧光光谱对二维钙钛矿$(PA)_8Pb_5I_{18}$在 22.7 GPa 下的结构与光学性质的变化进行综合分析,得出如下结论:

(1)通过荧光照片发现,在加压过程中$(PA)_8Pb_5I_{18}$的荧光从常压较弱的绿色转变为 3.5 GPa 时耀眼的黄色。高压荧光测试表明,其荧光强度在 3.5 GPa 时增加了近 80 倍。通过高斯拟合,笔者发现常压下宽而弱的低能量峰在加压过程中快速增强,而位于高能量的窄峰逐渐消失。

(2)通过高压同步辐射 XRD 实验,笔者发现在 3.7 GPa 时$(PA)_8Pb_5I_{18}$出现了由PbI_6八面体的轻微扭曲而引起的 16°~19°之间衍射峰宽化的现象。在 10.7 GPa 时,严重扭曲的PbI_6八面体造成了 10°~14°之间很宽的衍射峰,并发生等结构相变,同时伴随着 6%的晶格体积塌缩。

(3)由红外吸收光谱可知,在 2.3 GPa 时逐渐增强的氢键可以牵引PbI_6八

面体沿着 I_2-I_4 轴发生面外倾斜，并引起无机层晶格的畸变。畸变的晶格和激子发生强烈的耦合作用使自陷态加深并俘获大量自由电子，促进自陷态的辐射跃迁。高压时间分辨荧光光谱表明，自陷激子荧光的贡献由常压的 10%增加到 3.3 GPa 时的 80%，平均载流子寿命也延长了 24 倍，进一步证实了增强的荧光主要由自陷态激子的辐射跃迁产生。

笔者的发现不仅揭示了 PbI_6 八面体的变化与$(PA)_8Pb_5I_{18}$光电特性之间的基本关系，还为具有可见光发射的二维卤化物钙钛矿在高效发光器件领域的应用提供了理论支持。

第5章　高压下氢键增强对二维钙钛矿 $(PMA)_2PbI_4$ 结构和带隙的作用

5.1　$(PMA)_2PbI_4$ 研究背景

钙钛矿因其优异的光电性能和相对较低的加工成本而被广泛应用。杂化有机-无机钙钛矿引发了光伏领域的研究热潮，最高认证功率转换效率（PCE）为25.2%。二维有机-无机杂化钙钛矿具有由交替的有机阳离子组成的层状三明治结构（势垒）和共角 PbI_6 八面体阴离子无机网络，产生显著的量子限制效应、介电限制效应和较大的激子结合能。重要的是，与三维杂化钙钛矿相比，二维有机-无机杂化钙钛矿表现出更高的环境稳定性和优异的带隙可调性。这些放宽了对有机阳离子的限制并允许更广泛的组分配置。

根据肖克利-奎伊瑟理论，材料科学正面临进一步升级的艰巨挑战，这需要进一步缩小带隙以便在太阳光谱中进行更广泛的吸收。作为典型的钙钛矿材料，$(C_6H_5CH_2NH_3)_2PbI_4$（$C_6H_5CH_2NH_3$ = PMA）为直接带隙半导体，其带隙为2.13 eV，其实际性能也受到较宽带隙的限制。这种固有缺陷难以通过传统的化学修饰来克服，以满足肖克利-奎伊瑟极限。因此，迫切需要寻找一种有效的方法来准确设计带隙，然后深入了解 $(PMA)_2PbI_4$ 中的结构-性能关系。

高压可以有效调节钙钛矿的晶体和电子结构，并将人们对材料的理解缩小到原子水平。施加压力可以大大提高卤化物钙钛矿的电子电导率。例如，$CsPbI_3$ 的明显带隙闭合和绝缘体到金属的转变揭示了一种全新的电子结构和传输特性，特别是高压处理时材料的部分特性在减压后保持。它将鼓励科学家在常温条件下合成更多优秀的光伏材料,这对实际应用具有重要意义。近年来,有机-无机卤化物钙钛矿的高压研究主要集中在改变三维钙钛矿的电子性质上,而对高压下的二维有机-无机卤化物钙钛矿的研究较少。因此,笔者通过在 DAC 装置中使用高压方法研究了二维有机-无机卤化物钙钛矿$(PMA)_2PbI_4$的压力诱导结构和电子特性。

5.2　实验方法

5.2.1　样品制备和高压产生

使用对称的 300 μm 尖底金刚石压砧装置进行高压实验。密封垫片采用 T301 不锈钢片,预压厚度为 44 μm ,在中心钻一个直径为 150 μm 的孔作为样品腔。通常,将钙钛矿样品与一个红宝石球一起装入样品腔,以根据标准红宝石荧光技术确定实际压力。硅油用作光吸收和高压 XRD 实验的压力传递介质。在原位红外光谱实验中,溴化钾被用作压力传递介质。

5.2.2　原位高压红外光谱

红外光谱测试是在室温下使用配备氮冷汞-镉-碲(MCT)检测器的 Bruker VERTEX 70 v 红外光谱仪在 500~7000 cm^{-1}范围内进行的。Ⅱa 型超低荧光钻石用于高压红外光谱实验。

5.2.3　原位高压 XRD

在上海同步辐射装置(SSRF)的 BL15U1 光束上收集了波长为 0.6199 Å 光束的原位高压角色散 XRD 图。在实验测量之前,以 CeO_2作为标准样品来校准几何参数。使用 Fit2D 软件将衍射图案集成到标准的一维轮廓中。用 Materials Studio 软件内的 Reflex 模块处理 XRD 数据。

5.2.4 计算方法

使用基于 CASTEP 包中实施的第一性原理密度泛函理论的赝势平面波方法计算电子能带结构和 DOS。采用交换相关函数的局域密度近似方法,平面波能量截止值为 760 eV,布里渊区的 k 点间距为 0.03 $Å^{-1}$。自洽场(SCF)公差设置为 $5.0×10^{-7}$ eV · $atom^{-1}$。最大力、最大应力和最大位移的优化循环之间的收敛阈值分别设置为 0.03 eV · $Å^{-1}$、0.05 GPa 和 $1.0×10^{-3}$ Å。

5.3 结果与分析

5.3.1 高压紫外可见吸收光谱

通过光学显微照片可以观察到$(PMA)_2PbI_4$晶体的异常压致颜色转变。样品由最初透明的橘红色在 6.9 GPa 时变成半透明的褐红色,随后逐渐变暗,最终在 17.2 GPa 时变成不透明的黑色。压力相关的紫外可见吸收光谱实验揭示了样品在 20.1 GPa 内的显著带隙演变,如图 5.1(a)所示。位于约 539 nm 处的陡峭吸收边缘对应于无机层从 Pb 6s–I 5p 混合态到 Pb 6p 态的电子跃迁。随着压力增加到 5.1 GPa ,吸收边逐渐红移,表明带隙变窄。当压力达到 7.1 GPa 时,吸收边出现异常明显的蓝移,证明此时发生电子或结构转变。进一步压缩后,红色吸收边从可见光区域缓慢移动到近红外区域。$(PMA)_2PbI_4$ 的带隙是通过$(\alpha dh\nu)^2$与 $h\nu$ 的直接带隙 Tauc plots 线性外延法的线性部分在不同压力水平下估算的,其中 α 是吸收系数,d 是样品厚度,$h\nu$ 是光子能量,如图 5.1(b)插图所示。在环境压力下,$(PMA)_2PbI_4$ 显示出 2.13 eV 的直接带隙,这与之前的研究一致。随着进一步压缩,带隙在 5.1~7.7 GPa 之间急剧变宽,这可能被认为是无机层结构变形。在高压下,$(PMA)_2PbI_4$ 的带隙经历了一个持续明显变窄的过程。原始带隙在 20.1 GPa 下缩减到 1.26 eV,已达到肖克利–奎伊瑟极限。在卸压过程中,$(PMA)_2PbI_4$ 的带隙随着压力从 20.1 GPa 缩减到 1atm 而单调变宽。在整个压缩过程中实现的带隙变窄是前所未有的,最高可达到0.9 eV,如表 5.1 所示,这对提高光伏性能具有重要意义。

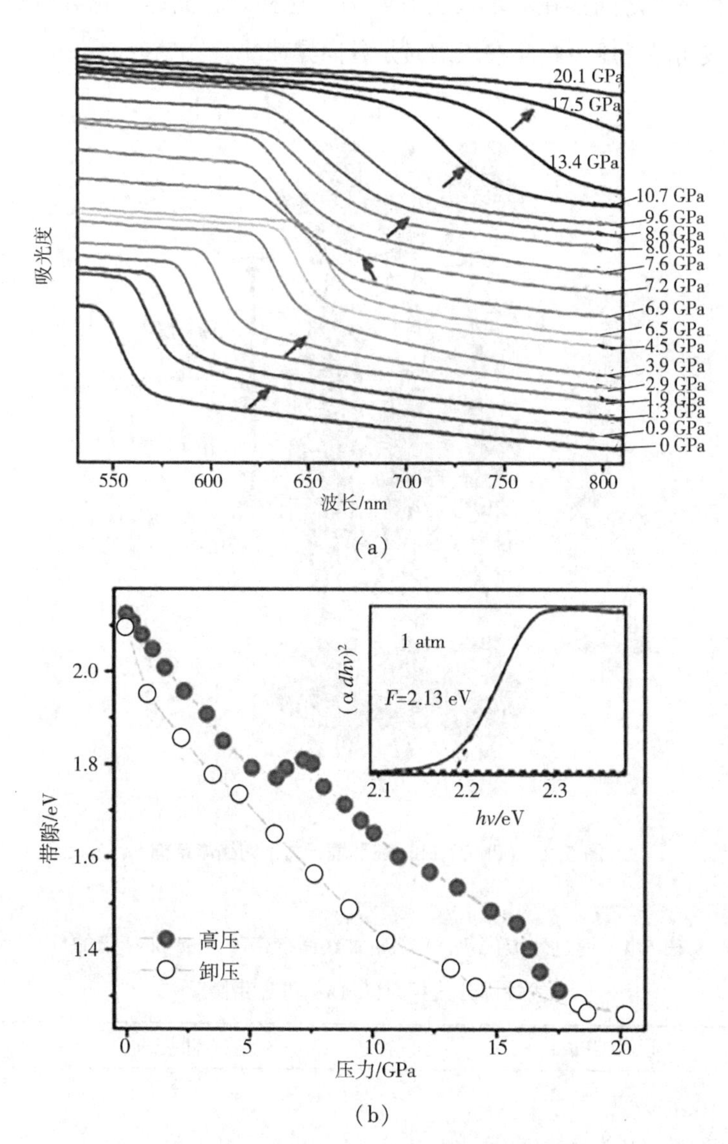

图 5.1　(a)$(PMA)_2PbI_4$晶体在高压下的紫外可见吸收光谱;(b)$(PMA)_2PbI_4$带隙随压力的演变,插图为$(PMA)_2PbI_4$在常压下的 Tauc plots 谱

在常压条件下,$(PMA)_2PbI_4$的层状晶体结构为共角PbI_6八面体阴离子无机层与对称的双层有机 PMA^+ 交替排列(图 5.2)。此外,大体积有机阳离子的氨基通过不同的氢键连接到 Pb—I 无机骨架上。笔者注意到,相邻的 PMA^+ 有机层和无机骨架之间存在弱范德瓦耳斯力。这种层状晶体结构和各种相互作用的存在表明晶格压力响应在压缩时是各向异性的。

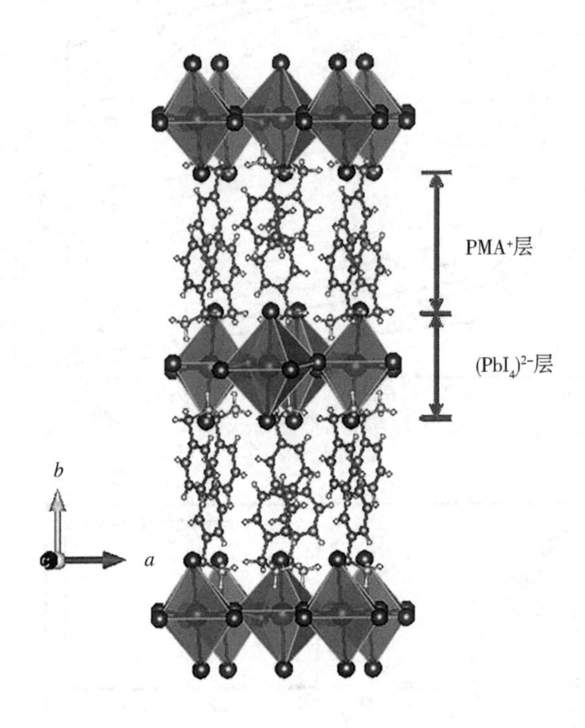

图 5.2 $(PMA)_2PbI_4$ 在环境压力下的晶体结构

表 5.1 通过外推(αdhv^2)与 hv 曲线间接带隙 Tauc plots 谱的线性部分估算的$(PMA)_2PbI_4$ 带隙

压力/GPa	带隙/eV
0	2.13
0.9	2.06
2.3	1.96
3.7	1.89
5.1	1.79

续表

压力/GPa	带隙/eV
7.8	1.80
10.6	1.62
13.9	1.53
17.2	1.31
20.1	1.26

5.3.2　原位高压 XRD 实验

为了弄清压力引起的光学特性变化,笔者进行了原位高压 XRD 实验,以追踪$(PMA)_2PbI_4$晶体结构在不同压力下的演变。$(PMA)_2PbI_4$在室温常压至 27.2 GPa 时的原位高压 XRD 谱图如图 5.3(a)所示。随着压力的增加,由布拉格方程可知,由于预期的晶格收缩,*d* 值减小,所有布拉格衍射峰逐渐转移到更大的衍射角。在 4.6 GPa 时,一个新的衍射峰出现在 6.2°处,表明可能存在压力诱导的相变。随着压力增加到 7.7 GPa,在 5.8° 附近的衍射峰发生劈裂,表明可能发生相变。进一步压缩后,该相稳定到 27.2 GPa,没有进一步的结构相变。

$(PMA)_2PbI_4$最可能的高压晶体结构是通过在 Materials Studio 软件中指标化和精修粉末衍射数据得到的。在 4.6 GPa 时,第一次相变与压力诱导的 *Pbca* 到 *Pccn* 相变相关。然而,在 7.7 GPa 之前和之后获取的 XRD 谱图中没有观察到明显的变化。因此,笔者认为 7.7 GPa 下的第二相变是 *Pccn* 到 *Pccn* 等结构相变。在高压下其他有机-无机杂化钙钛矿中也报道了类似的结构相变。用 1 atm、4.6 GPa 和 7.7 GPa 下采集的具有代表性的 XRD 谱图进行 Rietveld 精修,如图 5.4 所示。一些差异可能是钙钛矿样品的择优取向或纹理所致。$(PMA)_2PbI_4$的精细晶格参数和晶胞体积的详细信息如图 5.3(b)、图 5.3(c)和表 5.2 所示。笔者注意到,正交晶系$(PMA)_2PbI_4$材料表现出各向异性和轴向压缩性:随着压力的增加,*b* 轴的晶胞参数比 *a* 轴和 *c* 轴的晶胞参数下降得更快,对应由交替的有机层和无机层组成的三明治结构。这一结果可能归因于

PMA 分子对以氢键相互作用为主的 PbI_6 八面体的面内和面外畸变的不同影响。

这三相体积的压力依赖性已用三阶 Birch-Murnaghan(BM)状态方程拟合,如图 5.3(c)所示,这两个相变分别伴随着 5.75% 和 3.92% 的体积坍塌。$(PMA)_2PbI_4$ Ⅱ相的等温体积模量估计为 21.2 GPa,远低于Ⅰ相的等温体积模量 73.6 GPa。这种软特性导致电子轨道在相对较低的压力范围内重叠,进一步证实了带隙变窄。Ⅲ相拟合得到的等温体积模量估计为 68.4 GPa。然而,这三相的体积模量远小于无机氧化物钙钛矿(K_0> 100 GPa)。值得注意的是,较大的压缩性意味着压力可能是一种非常有效的调整晶体结构的方式。

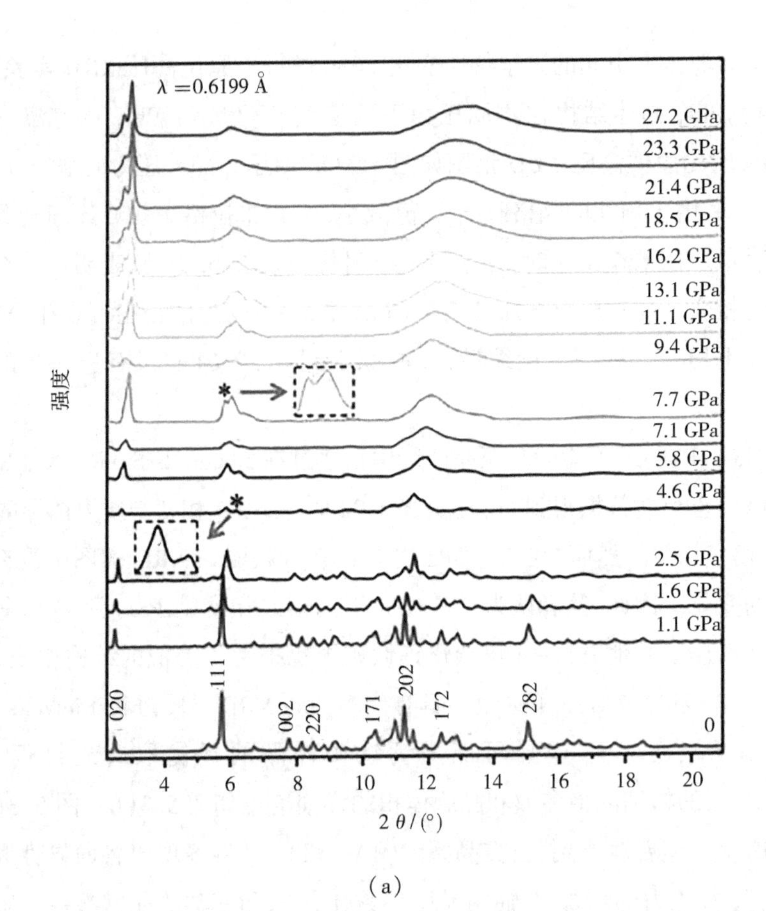

(a)

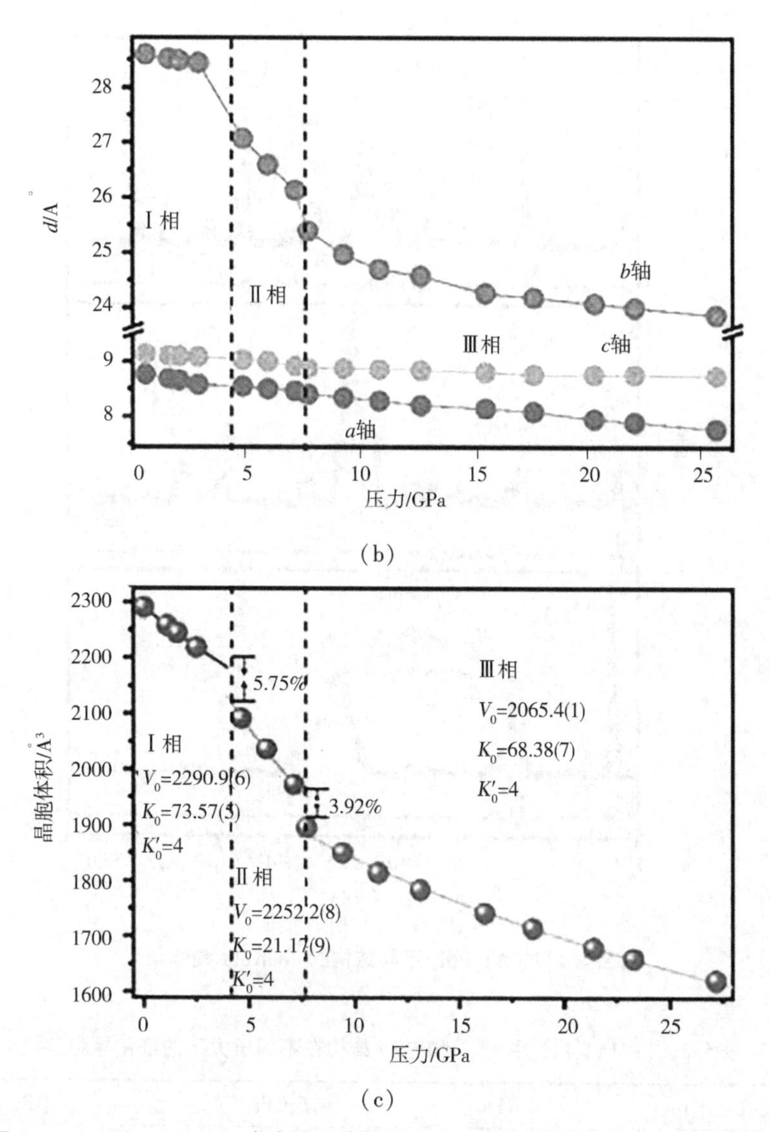

(b)

(c)

图 5.3　(a)$(PMA)_2PbI_4$在室温下常压至 27.2 GPa 时的原位高压 XRD 谱图，星号为 4.6 GPa 和 7.7 GPa 处的新衍射峰；(b)$(PMA)_2PbI_4$的晶胞参数随压力的变化；(c)$(PMA)_2PbI_4$的晶胞体积随压力的变化

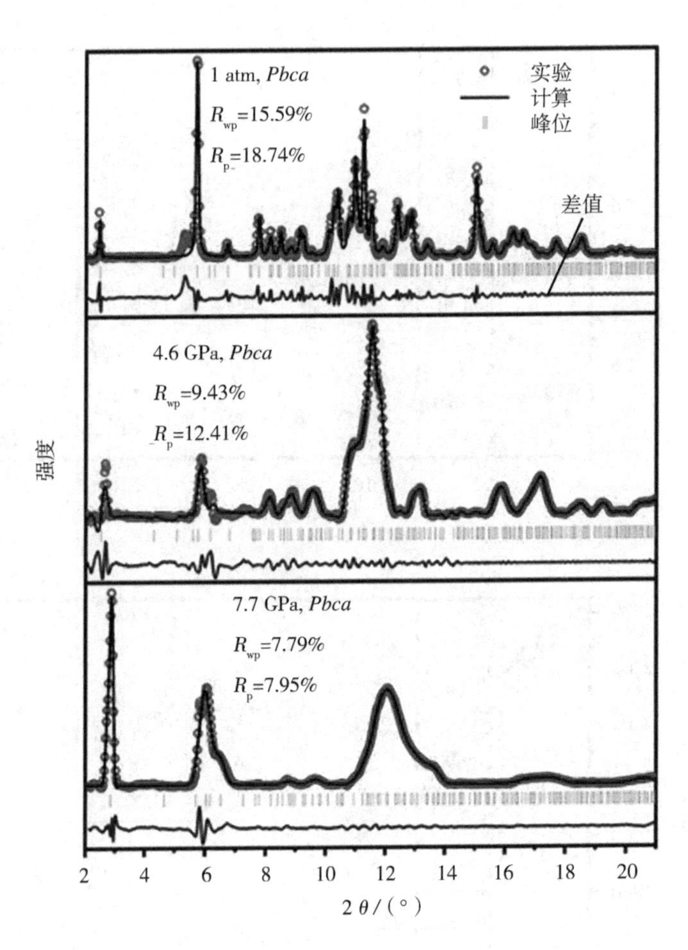

图 5.4 $(PMA)_2PbI_4$ 不同结构的 Rietveld 精修结果

表 5.2 $(PMA)_2PbI_4$ 中 *Pbca* 和 *Pccn* 结构在不同压力下的细化晶胞参数

压力/GPa	0 GPa	4.6 GPa	7.7 GPa
空间群	正交相 *Pbca*	正交相 *Pccn*	正交相 *Pbca*
晶胞参数	*a*=8.765(5) Å *b*=28.593(2) Å *c*=9.138(1) Å	*a*=8.547(2) Å *b*=27.068(1) Å *c*=9.037(3) Å	*a*=8.403(9) Å *b*=25.390(5) Å *c*=8.881(1) Å

5.3.3 高压红外吸收光谱

为了进一步探究压力对有机层与无机亚晶格层相互作用的影响，笔者进行了 FT-IR 光谱实验，如图 5.5(a)所示，以监测有关 PMA^+变化的直接信息。在中红外区，光吸收完全归因于有机 PMA 的振动。PMA 的特征内部振动模式在高频出现，即在 760 cm^{-1}附近(C—N 伸缩)和 850～1100 cm^{-1}(苯环中的 C—H 面内和面外弯曲)附近。1400 cm^{-1} 和 1500 cm^{-1} 之间的 N—H 弯曲模式随着压力的增加显示出显著的红移。此外，苯环的 C—C 伸缩出现在 1570 cm^{-1}，而 C—H 和 N—H 伸缩模式出现在 2900 cm^{-1}和 3000～3200 cm^{-1}，如图 5.5(c)所示。N 的电负性大于 C 的电负性，并且 N…I 距离远小于正交 *Pbca* 中 C…I 的距离，C—HC…I_5远小于 N—HN…I_5(表 5.3)。

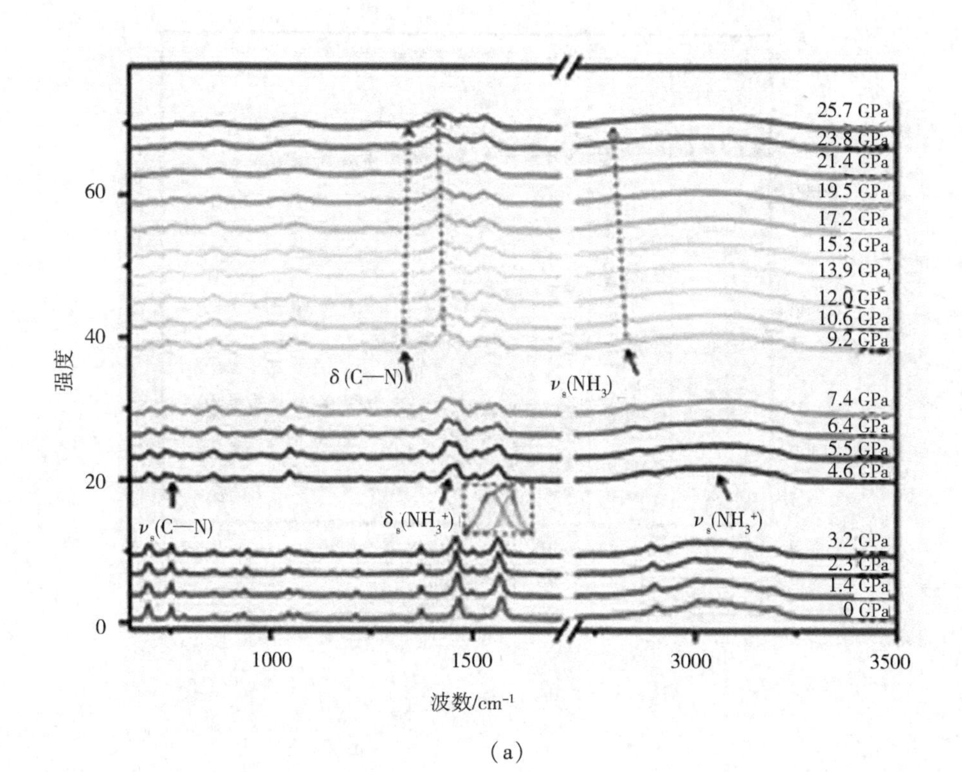

(a)

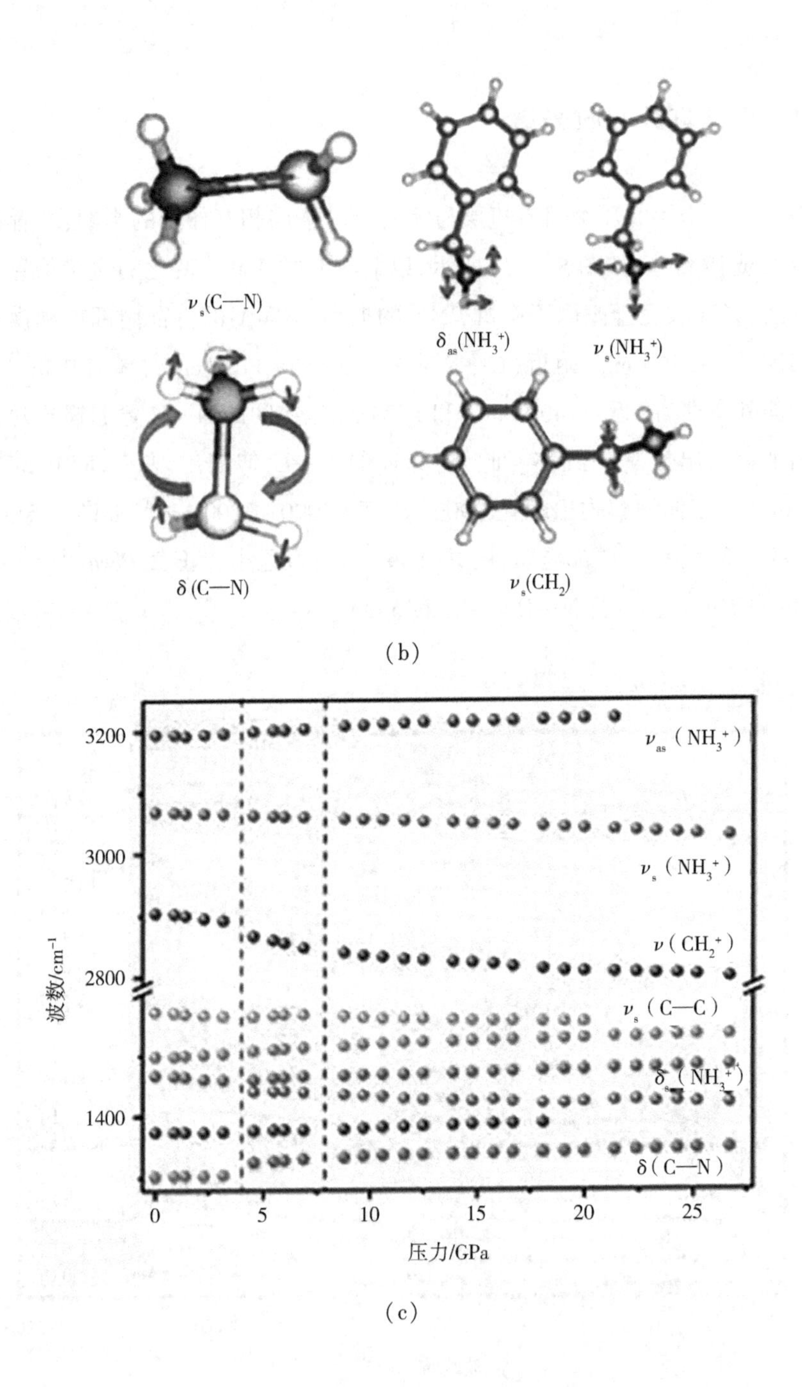

ν_s(C—N)
$\delta_{as}(NH_3^+)$
$\nu_s(NH_3^+)$
δ(C—N)
$\nu_s(CH_2)$
3200
3000
2800
1400
波数/cm⁻¹
$\nu_{as}(NH_3^+)$
$\nu_s(NH_3^+)$
$\nu(CH_2^+)$
ν_s(C—C)
$\delta_s(NH_3^+)$
δ(C—N)
0
5
10
15
20
25
压力/GPa

（b）

（c）

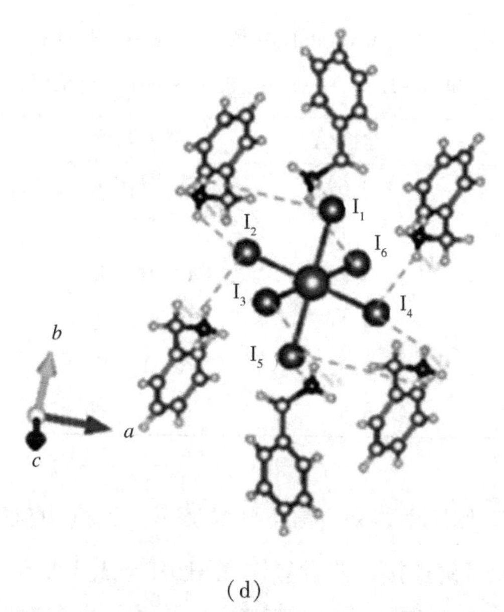

(d)

图 5.5　$(PMA)_2PbI_4$ 在高压下的 FT-IR 光谱和频移

(a)$(PMA)_2PbI_4$ 压缩至 25.7 GPa 的 FT-IR 光谱;(b)相应代表性振动模式的示意图;(c)PMA 分子在不同压力水平下的频移;(d)H 和卤化物 I 之间的氢键样式示意图

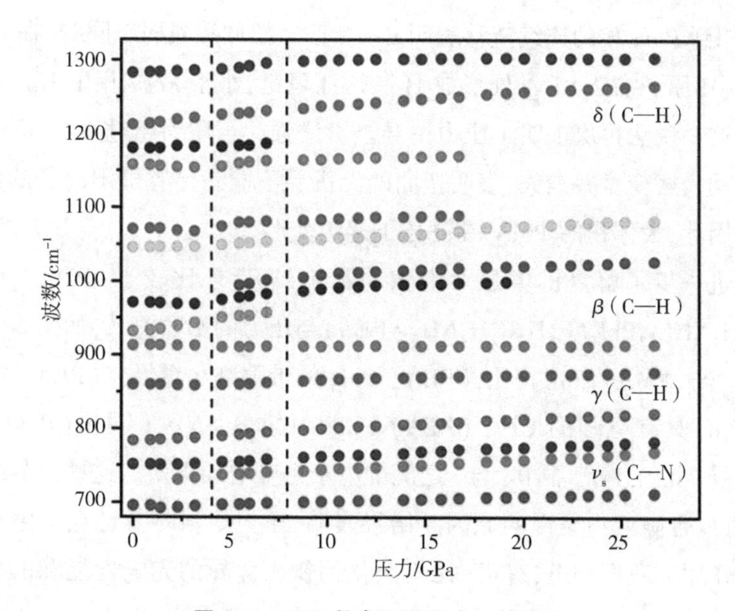

图 5.6　PMA 段在不同压力下的频移

表 5.3 $(PMA)_2PbI_4$ 样品 N…I、C…I、H…I 键长和 N—H…I、C—H…I、Pb—I—Pb 键角统计

成键类型	键长/Å	键角类型	键角/(°)
$N\cdots I_5$	3.69	$N—H_N\cdots I_5$	161.62
$N\cdots I_4$	3.14	$N—H_N\cdots I_4$	129.79
$C\cdots I_5$	4.69	$C—H_c\cdots I_5$	147.51
$C\cdots I_4$	4.11	$C—H_c\cdots I_4$	109.61
$H_N\cdots I_5$	2.83	$Pb—I_5—Pb$	158.45
$H_c\cdots I_5$	5.54	$Pb—I_4—Pb$	158.45

因此,氢键相互作用主要来自氮上的氢原子。无机-有机层通过 NH_3^+基团和卤化物 I^-之间的氢键连接。假设氢键在 $H\cdots I < 3.3$ Å 时很重要,则 Pb 和 I 之间存在不同的氢键,如图 5.5(d) 所示。对称 N—H 拉伸模式的红移可归因于分子间相互作用的增强,表明压力诱导的氢键增强。X—H 模式的压力诱导软化已被广泛认为是 X—H…Y 氢键形成和增强导致 X—H 减弱的有力证据。我们还可以找到氢键相互作用的进一步证据。从 C—N 键的弯曲和拉伸模式看,*Pbca* 相到 *Pccn* 相的连续蓝移表明 C—N 已经拉伸和减弱。同时,在 *Pccn* 相中,H—N…I 原子在 2.83 Å 处形成 H—N…I 氢键,小于 *Pbca* 相中 $H_N\cdots I$ 氢键 3.39 Å。这一说法再次证明了压力诱导氢键增强。当压缩超过 9.2 GPa 时,一些高频振动模式变宽并消失,表明扭曲的无机层不能满足有机阳离子的灵活空间需求。因此,大体积的 PMA^+在高压下逐渐变形。

为了进一步了解氢键增强对带隙的影响,笔者还比较了$(PMA)_2PbI_4$ 和$(C_6H_5C_2H_4NH_3)_2PbI_4(C_6H_5C_2H_4NH_3=PEA)$与压力的函数关系,如图 5.1 和图 5.7 所示。与$(PMA)_2PbI_4$相比,$(PEA)_2PbI_4$ 的带隙减小缓慢。$(PEA)_2PbI_4$ 比$(PMA)_2PbI_4$ 具有更多的 CH_2,$(PEA)_2PbI_4$ 中的 H—N…I 键比$(PMA)_2PbI_4$ 短,导致在$(PMA)_2PbI_4$ 中 Pb 与 I 之间的电子密度增加更多。这些差异解释了$(PEA)_2PbI_4$ 带隙减小缓慢的原因。结果表明,压力增强时氢键在带隙变化中起着关键作用。我们知道,有机-无机杂化钙钛矿优异的光电性能和晶体结构稳定性与有机 PMA 阳离子和无机阴离子之间的氢键有关,与共角无机 PbI_6 八面体的众多畸变模式有关。更重要的是,我们可以通过调整氢键来优化某些材料

的性能，以减少八面体畸变并提高稳定性。

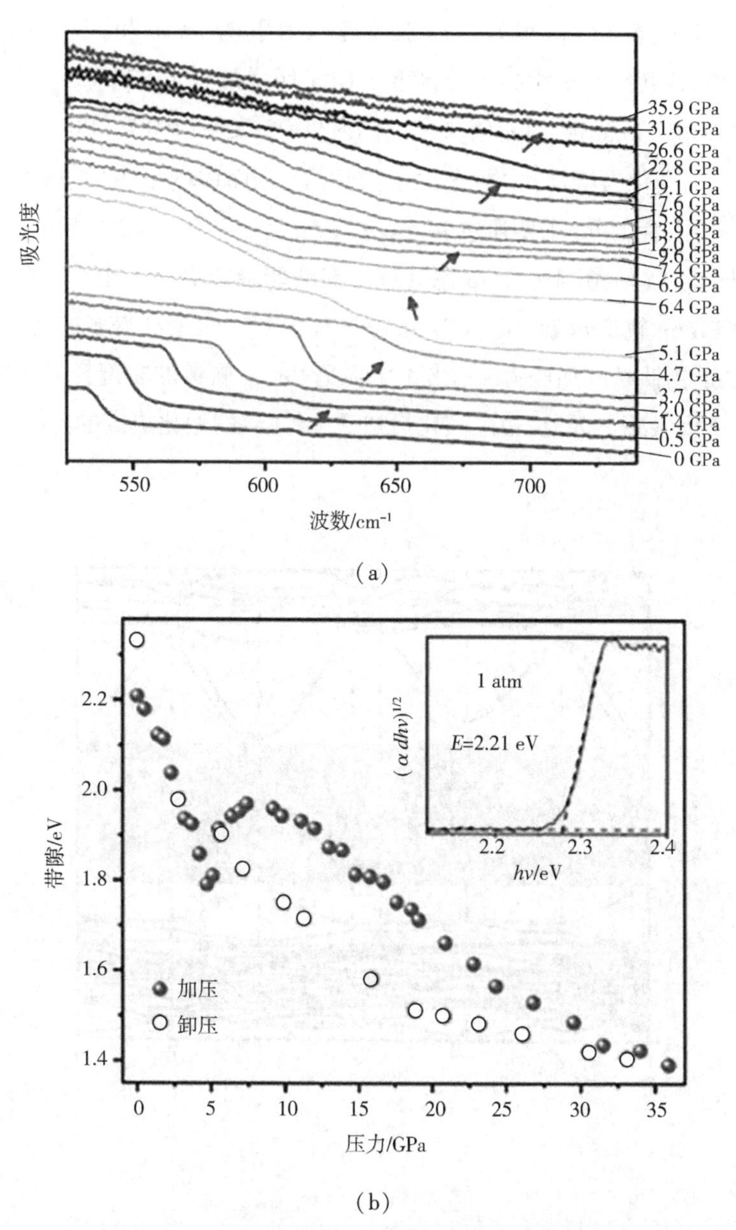

(a)

(b)

图 5.7　(a) $(PEA)_2PbI_4$ **晶体在高压下的紫外可见吸收光谱；**(b) $(PEA)_2PbI_4$ **的带隙随压力的演变，插图为** $(PEA)_2PbI_4$ **在常压下的** Tauc plots **谱**

为了更好地理解高压下$(PMA)_2PbI_4$中晶体结构和电子结构的演变，笔者对$(PMA)_2PbI_4$进行了能带结构和态密度（DOS）计算，如图5.8所示。带隙的计算结果与实验符合得很好。对于环境压力下的*Pbca*相，其直接带隙为1.76 eV，然后随着*Pccn*相中压力接近5 GPa而增加到1.87 eV。正如我们所知，带隙由CBM和VBM的差值决定。同时，DOS表明$(PMA)_2PbI_4$呈CBM结构，VBM以强杂化为特征，主要来源于$[PbI_6]^{2-}$八面体网络中的Pb 6s和I 5p反键相互作用，而CBM主要通过Pb 6p和I 5p反键杂化。VBM态具有I 5p特征，因为与Pb 6s轨道相比，I 5p态具有更高的能级和更多的电子。CBM态几乎完全由Pb 6p轨道贡献，因为Pb 6p态具有比I 5s轨道高得多的能级。当对$(PMA)_2PbI_4$钙钛矿施加压力时，CBM主要是Pb 6p轨道的非键合局部状态，对外部压力不太敏感。因此，带隙演化最初是由VBM的变化决定的。

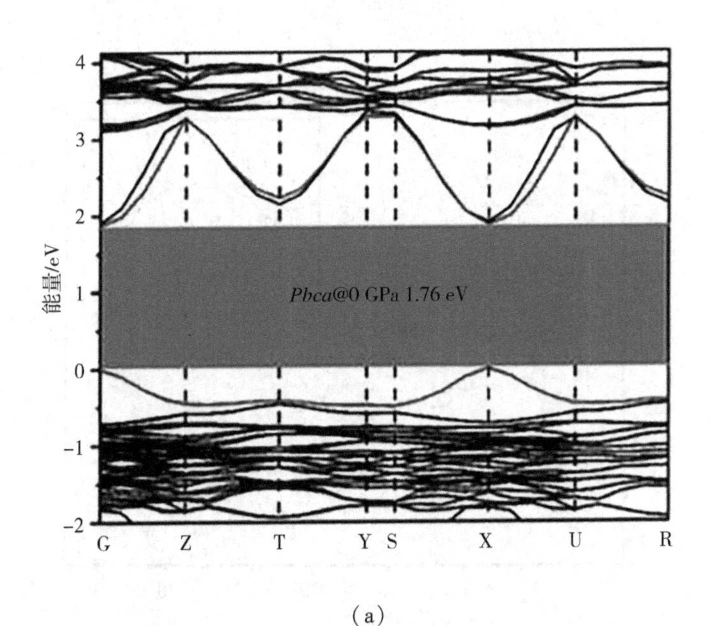

(a)

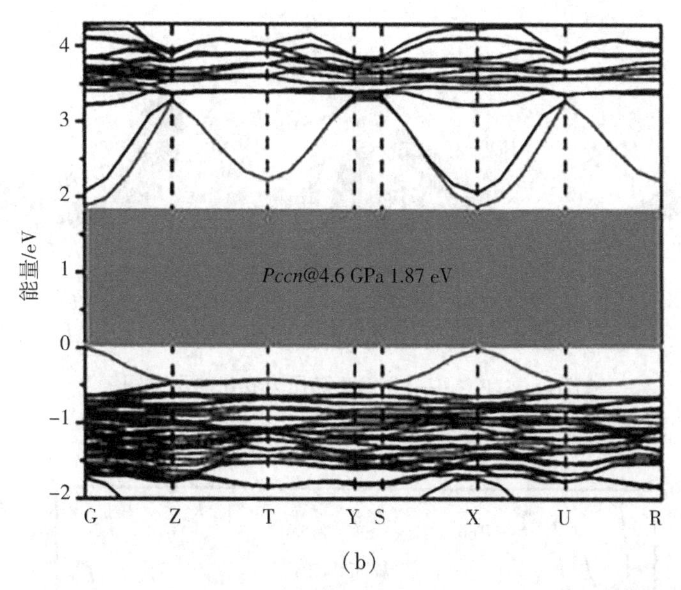

(b)

图 5.8　$(PMA)_2PbI_4$在(a)1 个大气压和 4.6 GPa(b)下的电子能带结构

在低压阶段,带隙的显著红移主要归因于 Pb—I 键长缩短导致的 Pb 6s 和 I 5p 之间 VBM 轨道耦合增加(图 5.9),但 Pb—I—Pb 键角保持在接近 158°(图 5.10)。这种现象可以通过有机层间压缩来理解,并且与定向的有机阳离子层相关。随着压力接近 5 GPa,CBM 恰好受 Pb 6p 和 I 5p 轨道的强耦合支配。因此,通过施加压力可以从 CBM 向更高能级转变,导致带隙变宽。这种独特的行为也可以从 PbI_6八面体面内畸变伴随着 Pb—I—Pb 键角和 Pb—I 键长同时减小来解释,这进一步证实了第一次相变的出现,Ⅱ相的等温体积模量 K_0 远小于Ⅰ相。当施加更高的压力时,发生了从 *Pccn* 到 *Pccn* 的同构相变。通常,同构相变被认为是由某些材料的电子结构变化引起的。当相变出现时,Pb—I 的键长不断缩短,Pb—I—Pb 键角变大,源于 PMA^+在压缩时的变形和移动,加上平面外扭曲的无机 PbI_6八面体(图 5.11),导致 Pb 和 I 之间的电子密度增加。因此,Pb 6s 和 I 5p 轨道重叠由于其反键特性而增强,并推高了 VBM,这解释了在较高压力下带隙随压力增大而减小的原因。此外,层间键收缩和晶格畸变之间压缩效应的竞争也会导致带隙在高压下变窄。这个实验对于寻找实现宽带隙调谐钙钛矿的最佳途径至关重要。

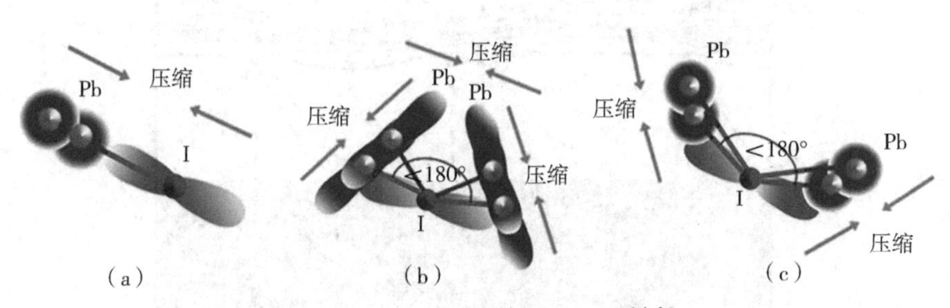

图 5.9 $(PMA)_2PbI_4$的(a)Pb—I 键长和(b)、(c)Pb—I—Pb 键角随压力变化的示意图

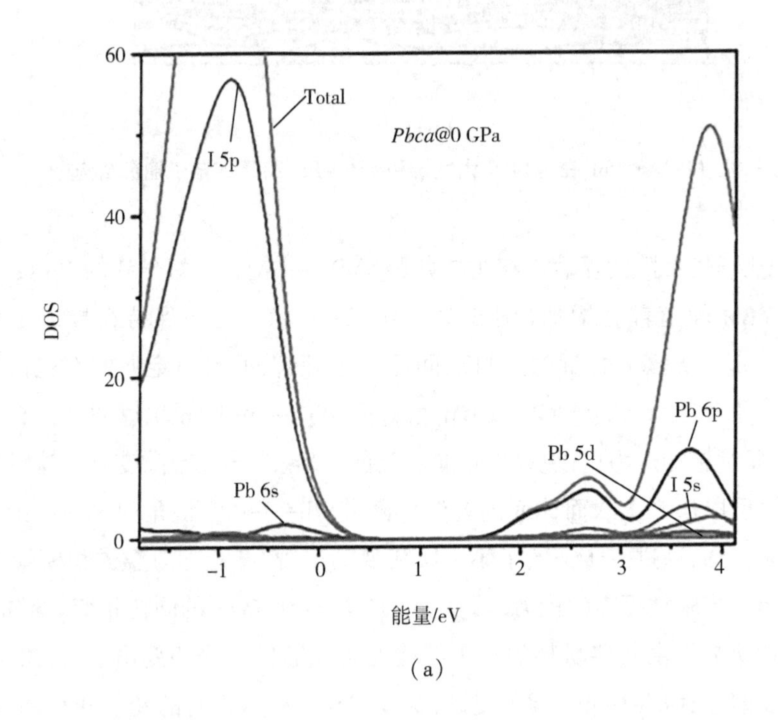

(a)

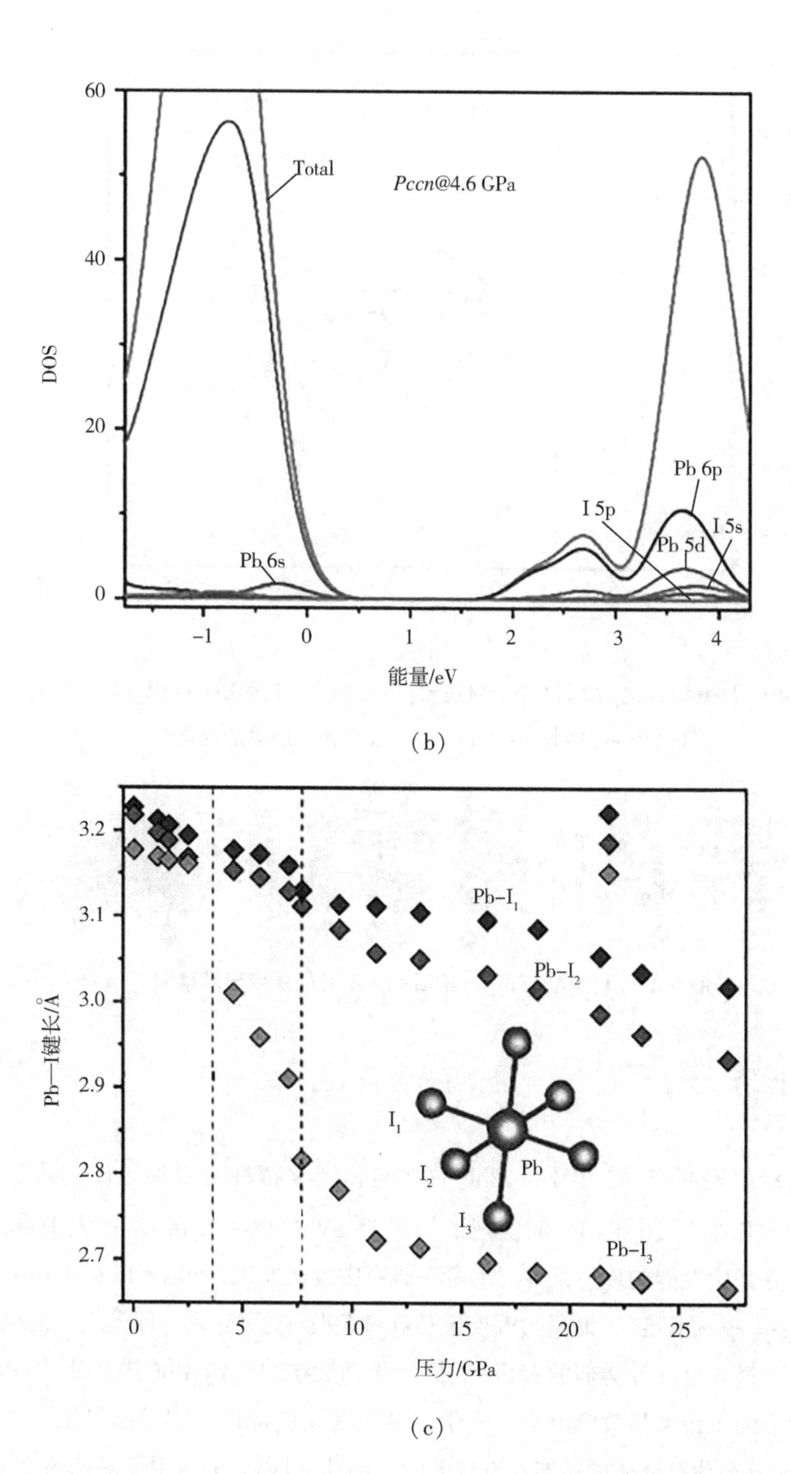
60
40
20
0
DOS
Total
Pccn@4.6 GPa
Pb 6p
I 5p
I 5s
Pb 5d
Pb 6s
−1
0
1
2
3
4
能量/eV
3.2
3.1
3.0
2.9
2.8
2.7
Pb—I键长/Å
Pb–I1
Pb–I2
Pb–I3
I1
I2
I3
Pb
0
5
10
15
20
25
压力/GPa

(b)

(c)

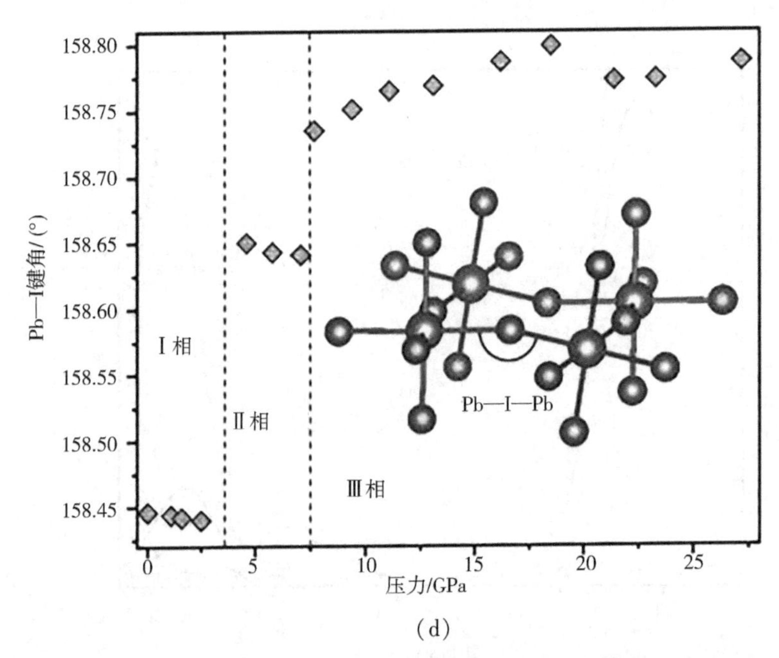

(d)

图 5.10　$(PMA)_2PbI_4$在(a)1 个大气压和(b)4.6 GPa 下的 DOS;$(PMA)_2PbI_4$ 的(c)Pb—I 键长和(d)Pb—I—Pb 键角随压力的变化

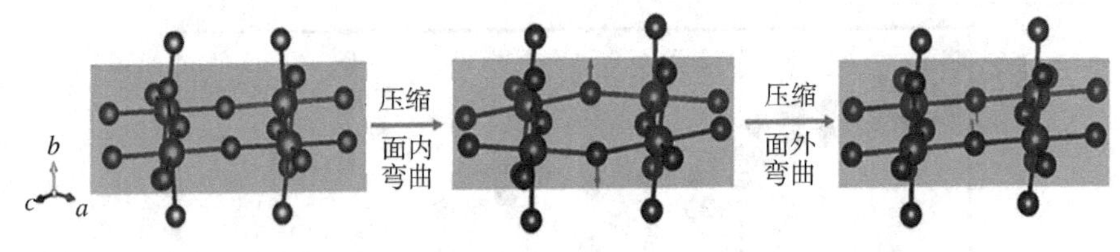

图 5.11　$(PMA)_2PbI_4$ 压缩后 Pb—I 无机层变形示意图

5.4　小结

实验结果表明,二维$(PMA)_2PbI_4$的结构和光学特性可以通过压力进行显著调整。在压缩到 20.1 GPa 时实现了从 2.15 eV 缩小到 1.26 eV 的大带隙,这是实现更好光伏性能的理想条件。笔者在研究中首次发现$(PMA)_2PbI_4$ 中压力驱动的 *Pbca*→ *Pccn* 相变,因此通过改变键长和键角改变了 Pb 和 I 原子之间的电子波函数。通过与另一种类似的有机-无机杂化钙钛矿$(PEA)_2PbI_4$进行比较,PbI_6八面体变形的氢键增强效应解释了光学和结构变化的原因。实验结果阐明了二维有机-无机杂化钙钛矿的性能具有较大的可调性,可以使其适用于多种场合。

第 6 章　高压下一维 $EAPbI_3$ 晶体结构和光学性质

6.1　$EAPbI_3$ 研究背景

$EAPbI_3$ 作为一种新型复合材料，结合了有机和无机组分的优点。有机组分体现了结构多样性、可塑性以及高极化率；无机组分则体现了热稳定性、介电性和电磁性。由于其具有光吸收系数大、荧光发射效率高、带隙易调节、载流子迁移距离长等优异性能，在高性能光伏和光电领域有着广阔的应用前景。因此这类复合材料一跃成为物理、材料及能源等多研究领域的“明星”材料。

$EAPbI_3$ 具有通用的 ABX_3 化学式，其结构是 PbI_6^+ 八面体共面连接成准一维量子线，并被有机阳离子 $C_2H_5NH_3^+$ 包围，氢键将 EA^+ 与 PbI_6^+ 八面体紧密结合起来。三维有机-无机杂化金属卤化物钙钛矿的结构稳定性很大程度上取决于钙钛矿晶格 A 位阳离子的大小和形状，这是容差因子的严格限制造成的。当 A 位较小的有机阳离子被相对较大的有机阳离子取代时，可能因无法维持三维框架，而塌缩为二维或一维的低维结构。$EAPbI_3$ 具有独特的一维结构，由于激子-声子的相互作用，自陷态激子严重依赖于晶体结构维度。将维度降低到一维可以使自由激子在任何激子-声子相互作用强度下更容易变为自陷态激子，从而导致更强的荧光发射。

压力可以有效缩短原子间距，增加相邻电子间的轨道耦合，从而调控物质的晶体结构与电子结构。例如，Liang 等人报道了 $CsPbI_3$ 在 39 GPa 下一种新的

有序金属相 $C2/m$；Kong 等人实现了 $MAPbI_3$ 的带隙缩小和载流子寿命延长(70%~100%)，在 3.01 GPa 时 $R-3c$ 相 Cs_4PbBr_6 转变为 $B2/b$ 相，并伴随明显的荧光发射；Xu 等人通过压力将 FA_2PbI_3 的带隙从 1.489 eV 缩小到 1.337 eV，达到了铅基钙钛矿的肖克利-奎伊瑟极限。因此，深入研究该类材料的结构不仅可以加深人们对其结构-性质内在关系的理解，并对未来在光电、光伏、能源等方面的应用具有重要意义。

6.2 实验方法

将 PbI_2 和 EAI 等比例溶于二甲基亚砜溶液中，加热至 85 ℃，并不断搅拌直至全部溶解。然后缓慢降温至常温，可得到针状样品，将过滤的样品用乙醚清洗烘干。实验中使用的压机为对称式压机。金刚石对顶砧采用砧面直径为 300 μm 的Ⅱa 型低荧光金刚石，选取 T301 不锈钢片作为垫片。将垫片厚度预压至 45 μm，然后在垫片压痕中心利用激光打孔技术打出一个直径为 120 μm 的圆孔作为样品腔，并使用硅油作为穿压介质。将几十微米的 $EAPbI_3$ 样品和一个直径为 15 μm 的红宝石球一起装进样品腔，而对于荧光光谱实验，红宝石球应远离样品放置，防止红宝石对样品信号产生干扰。通过红宝石荧光标压法标定实际压力。

高压同步辐射 XRD 实验在 BSRF4W2 光束下和上海应用物理研究所同步辐射光源 15U1 光束下进行。两处光源 X 射线的波长均为 0.6199 Å，田 Mar345 探测仪收集衍射信号。在进行实验分析以前，将 CeO_2 充当标准样品对几何参数进行准确的校正。除此之外，可以通过 FIT2D 工具对二维的 XRD 谱图展开积分，进而获得所需的衍射数据。XRD 数据是用 Materials Studio 软件中 Reflex 模块处理的。红外吸收光谱实验在室温下采用 Bruker VERTEX 70v 红外光谱仪进行测试。测试范围在 500~7000 cm^{-1}，系统配有 HYPERION 2000 红外显微镜并使用液氮制冷的 MCT 探测器，以氩气作为传压介质。在 SLMPlan N50×显微镜下采集高压光学吸收和光致发光(PL)实验的加压和卸压过程。在紫外可见吸收光谱实验中，采用氘-卤素灯(DH 2000,26W)作为实验的光源。使用光纤光谱仪采集信号。首先将一个 50 μm×50 μm 的样品装入样品腔中，在正式测量每个光谱之前,对光路系统内光圈进行调节之后,控制信号采集区域大概维持于 40 μm,在样品腔的空白部分采集一个光谱作为背底,这个背底包括金刚石和传压介质的信号以及周围环境的干扰。然后在相同的光圈和采集时间下采集样品的光谱。最后从样品的光谱中去除背底,得到样品的真正吸收光谱。在光致发光实验中,使用硅油作为传压介质。

6.3 结果与分析

6.3.1 原位高压同步辐射 XRD 实验

在常压下,$EAPbI_3$ 晶体为正交晶相,可以看作是沿着晶胞 b 轴方向无限延长的共面 PbI_6 八面体链所构成的 2H 型钙钛矿(图 6.1)。这些无机链被 EA^+ 彼此分开,EA^+ 与共面的 PbI_6 无机链通过 N—H…I 之间的氢键联结,增强了结构的稳定性。

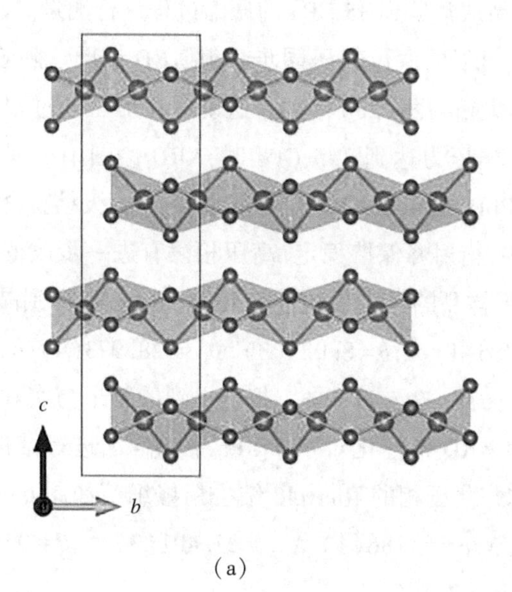

(a)

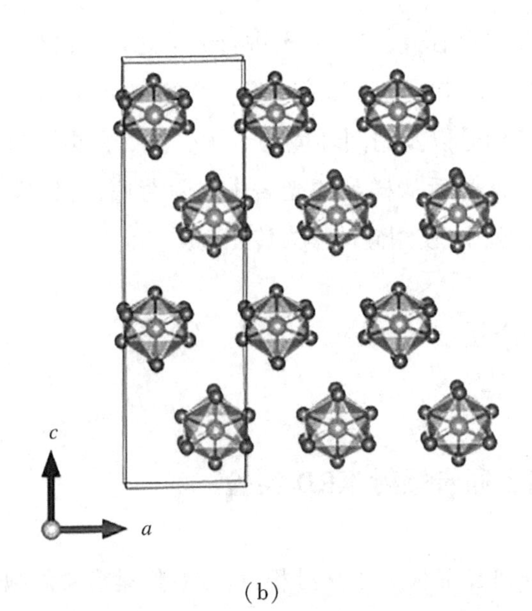

(b)

图 6.1 沿 *a* 轴和 *b* 轴观察 $EAPbI_3$ 的 *Pccn* 相晶体结构示意图，实线为晶胞轮廓

为分析样品在高压条件下结构的演化过程，笔者进行了原位高压同步辐射 XRD 实验，对样品从常压到 35 GPa 的压缩过程进行测量。图 6.2(a)为 $EAPbI_3$ 在具有代表性压力下的原位高压同步辐射 XRD 谱图。随着压力的增加，所有衍射峰都单调向大衍射角(2θ)移动。这说明在加压的过程中，样品晶胞收缩、原子间距缩短。当压力达到 4.5 GPa 时，XRD 谱图中出现了新的布拉格衍射峰。这表明 $EAPbI_3$ 在 4.5 GPa 时可能发生了一级结构相变，继续加压达到 35 GPa 的过程中，衍射峰保持稳定，高压相没有进一步改变。为了确定晶体结构，对 0.3 GPa 下样品的晶胞参数进行 Rietveld 精修，得到晶体结构为 *Pccn* 相，晶胞参数 $a=9.785(1)$ Å，$b=8.925(3)$ Å，$c=28.973(4)$ Å，如图 6.2(b)所示，修正因子 $R_{wp}=6.68\%$，$R_p=11.9\%$。拟合得到的结果与实验检测的数据符合得很好。笔者利用 XRD 指标化对 4.5 GPa 下的样品进行结构搜索，新相为单斜链状 *P21/c* 结构。高压相的 Rietveld 结构精修细节如图 6.2(b)所示。晶胞参数 $a=8.544(1)$ Å，$b=8.186(1)$ Å，$c=27.401(3)$ Å，$\beta=92.828(2)°$。修正因子 $R_{wp}=4.30\%$，$R_p=7.10\%$。

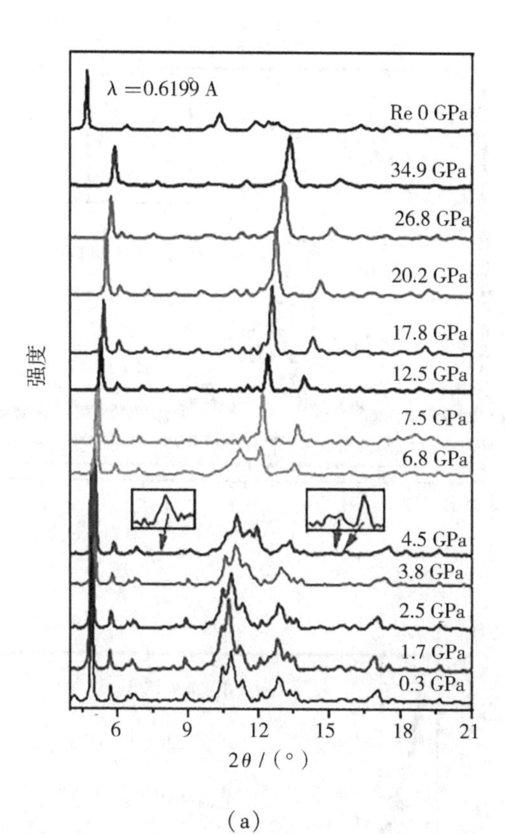
λ = 0.6199 Å
Re 0 GPa
34.9 GPa
26.8 GPa
20.2 GPa
17.8 GPa
12.5 GPa
7.5 GPa
6.8 GPa
4.5 GPa
3.8 GPa
2.5 GPa
1.7 GPa
0.3 GPa
强度
6
9
12
15
18
21
2θ / (°)

(a)

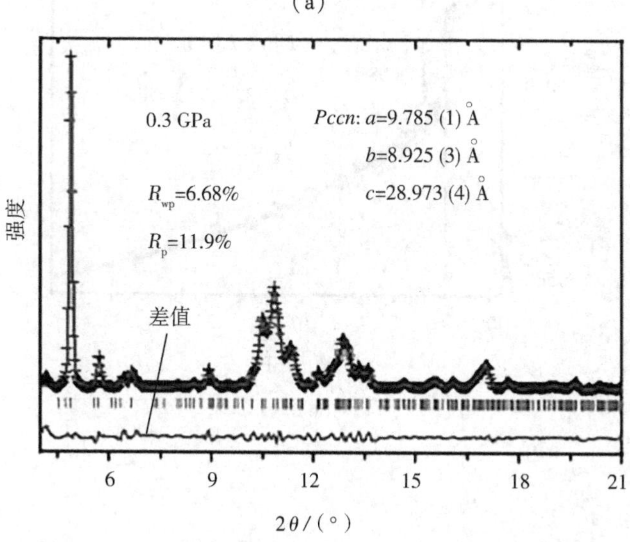
0.3 GPa
Pccn: a=9.785 (1) Å
b=8.925 (3) Å
c=28.973 (4) Å
Rwp=6.68%
Rp=11.9%
强度
差值
6
9
12
15
18
21
2θ / (°)

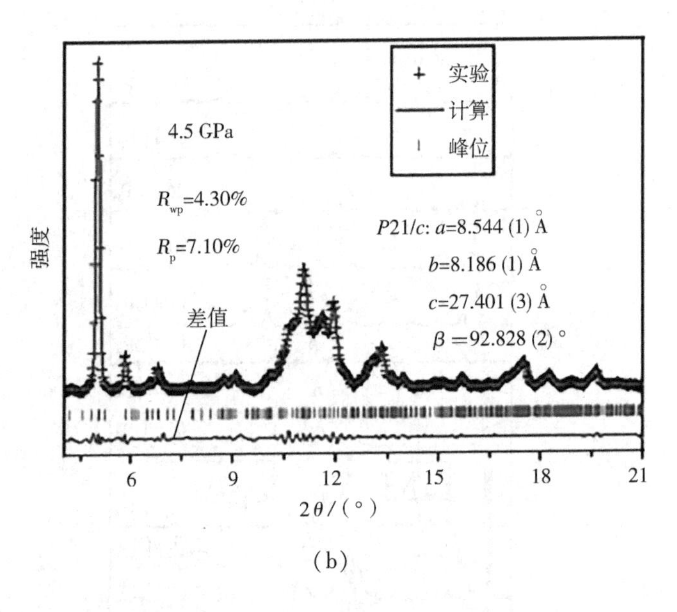
实验
计算
峰位
4.5 GPa
R_{wp}=4.30%
R_p=7.10%
强度
P21/c: a=8.544 (1) Å
b=8.186 (1) Å
c=27.401 (3) Å
β =92.828 (2) °
差值
6
9
12
15
18
21
2θ/(°)

(b)

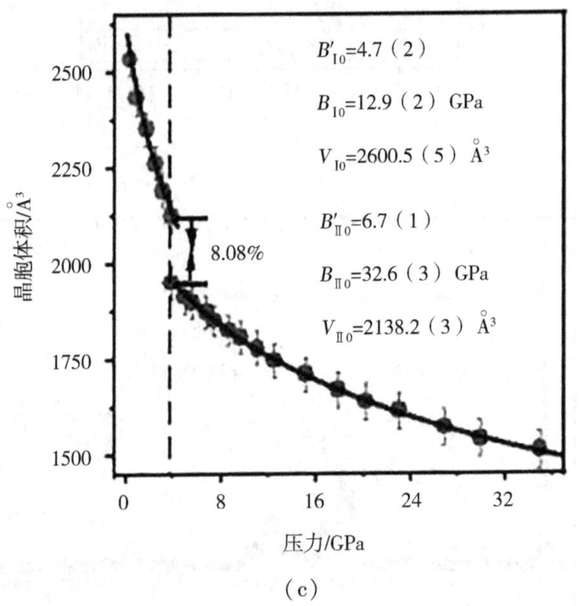
B'_{I0}=4.7（2）
B_{I0}=12.9（2） GPa
V_{I0}=2600.5（5） Å³
B'_{II0}=6.7（1）
B_{II0}=32.6（3） GPa
V_{II0}=2138.2（3） Å³
8.08%
2500
2250
2000
1750
1500
晶胞体积/Å³
0
8
16
24
32
压力/GPa

(c)

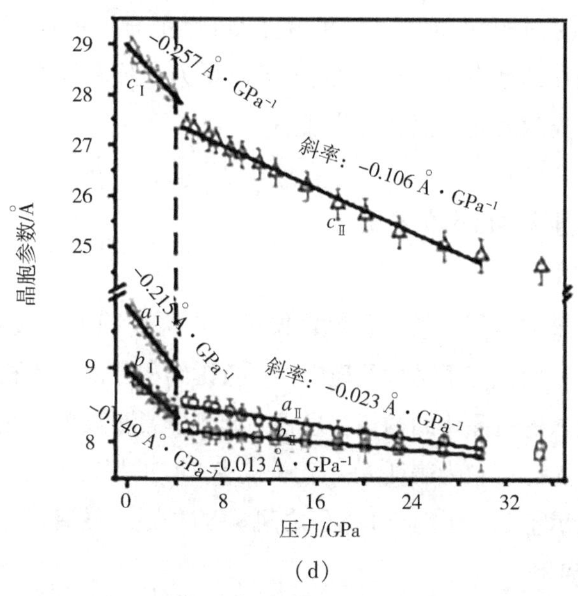

(d)

图 6.2　(a) $EAPbI_3$ 的原位高压同步辐射 XRD 谱图；(b) 0.3 GPa 和 4.5 GP 的 XRD 数据精修结果图；(c) 高压下晶胞体积与压力的关系，实线为 Birch-Murnaghan 拟合曲线；(d) 晶胞参数与压力的关系

笔者利用三阶 Bitrch-Murnagh 方程对 $EAPbI_3$ 在实验压力范围内的晶胞体积与压力关系进行拟合，如图 6.2(c) 所示。对于 *Pccn* 相，拟合得到的 $EAPbI_3$ 晶胞初始体积 $V_{\mathrm{I}0}=2600.5(5)$ Å^3，体积模量 $B_{\mathrm{I}0}=12.9(2)$ GPa，体积模量的一阶导 $B_{\mathrm{I}0}'=4.7(2)$。而 *P21/c* 相晶胞的初始体积 $V_{\mathrm{II}0}=2138.2(3)$ Å^3，体积模量 $B_{\mathrm{II}0}=32.6(3)$ GPa，体积模量的一阶导 $B_{\mathrm{II}0}'=6.7(1)$，表明相变后的晶胞更加不容易压缩。根据图 6.2(c) 晶胞体积随压力的改变，发现在 4.5 GPa 时，$EAPbI_3$ 在从 *Pccn* 相到 *P21/c* 相的转变过程中，晶胞体积塌缩了 8.1%。晶胞参数也在 4.5 GPa 时表现出明显的不连续减小。值得注意的是，在 *Pccn* 相阶段，*c* 轴的压缩系数 (-0.257 Å · GPa^{-1}) 大于 *a* 轴 (-0.215 Å · GPa^{-1}) 和 *b* 轴 (-0.149 Å · GPa^{-1}) 的压缩系数，如图 6.2(d) 所示。在 *P21/c* 相阶段时，*c* 轴的可压缩性也是最高的。这是因为相比于沿着 *b* 轴方向上可压缩性较低的无机框架来说，可弯曲的有机阳离子表现出更大的空间灵活性，因此可以实现较高的可压缩性。尽管无机骨架的可压缩性较低，但它确实对相变起到了重要作用。Pb—I 键长和 Pb—I—Pb 键角的各向异性变化是导致 PbI_6 八面体结构畸变的原因。从 *Pccn* 相转变为 *P*21/*c* 相后，$EAPbI_3$ 拟合后的体积模量增长到 32.6 GPa，较大的压缩性意味着压力/应力可以作为一种有效的调节晶体结构的方法，从而导致光致发光增强和带隙减小。

6.3.2 原位高压红外吸收光谱

事实上，在一维钙钛矿结构中是氢键使可自由旋转的 EA^+ 与无机 PbI_6^+ 八面体连接起来的，从而保证了结构的稳定性。氢键结构是决定有机阳离子取向的重要因素，因此氢键在晶体结构相变过程中起到非常重要的作用。红外光谱作为一种强有力的工具，它为表征 PbI_6 无机链中 EA^+ 的振动随压力变化提供了足够的数据，并揭示了 N—H 键与 I 离子之间氢键的强度，这将最终影响高压下 PbI_6 八面体链的构型。

笔者在室温下对波数在 700~3300 cm^{-1} 范围内的 $EAPbI_3$ 进行了原位高压红外吸收光谱测试。$EAPbI_3$ 的红外光谱和红外吸收振动峰随压力的变化如图 6.3(a)所示。图 6.3(b)是 N—H 和 C—H 振动随压力的变化，是图 0.3(a)的部分放大。根据相关文献，笔者对 $EAPbI_3$ 的典型红外吸收振动峰进行了指认，如表 6.1 所示。

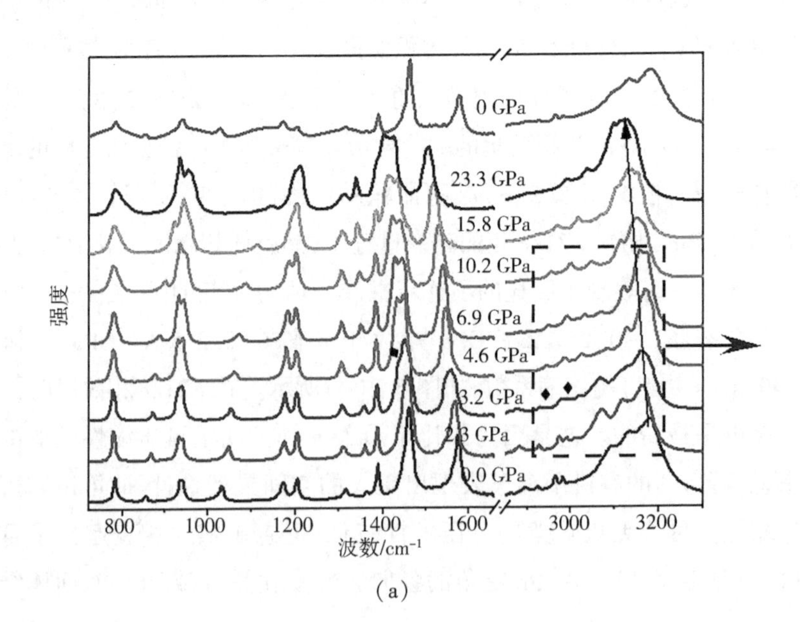

(a)

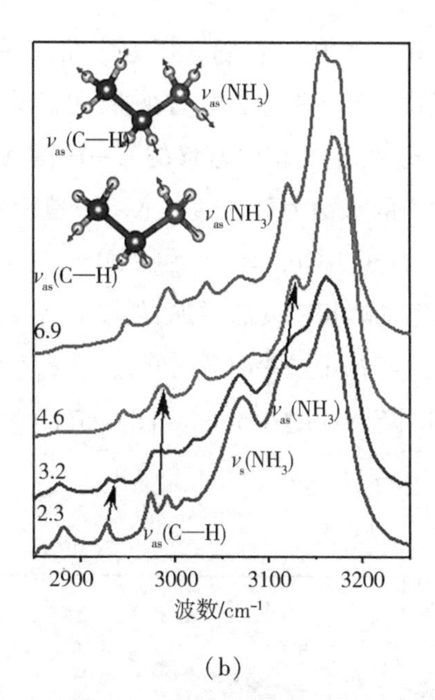

(b)

图 6.3　(a) $EAPbI_3$ 的原位高压红外吸收光谱；(b) C—H 和 N—H 官能团的红外光谱在 3.2 GPa 发生的变化，插图是相应 C—H 和 N—H 的振动模型

表 6.1　$EAPbI_3$ 的振动红外模式

IR 波数/cm^{-1}	振动模式
3180	$\nu_{as}(NH_3)$
3134	$\nu_{as}(NH_3)$
3093	$\nu_s(NH_3)$
1574	$\delta_{as}(NH_3)$
1460	$\delta_s(NH_3)$
941	ν_{as}(C—N)
937	ν_{as}(C—N)
782	ν_s(C—N)
3180	$\nu_{as}(NH_3)$
3134	$\nu_{as}(NH_3)$

进一步研究氢键的相互作用发现,随着压力增加 N—H 键的弯曲和伸缩振动模式不断红移。这反映了 N—H 键的振动变弱,也意味着氢键(N—H…I)随着压力的增加而增强。同时,正交相中蓝移的 C—H 键和 C—C 键振动峰表明有机阳离子的收缩。增强的氢键力可以通过 N—H 键传递到 C—N 键,使其振动减弱,如图 6.4 所示。在 3.2 GPa 时,大约在 3069.7 cm^{-1} 和 3161.4 cm^{-1} 处的 N—H 键弯曲和伸缩振动峰频率突然增加,如图 6.5(a)所示。与此同时,出现了一个新的 $\delta_s(NH_3)$(1437cm^{-1})弯曲振动峰,并且 $\delta_{as}(NH_3)$ 反对称弯曲振动峰突然下降,如图 6.5(b)所示和图 6.5(c)。图 6.5(d)为通过氢键链接 EA^+ 与 PbI_6 八面体的示意图。

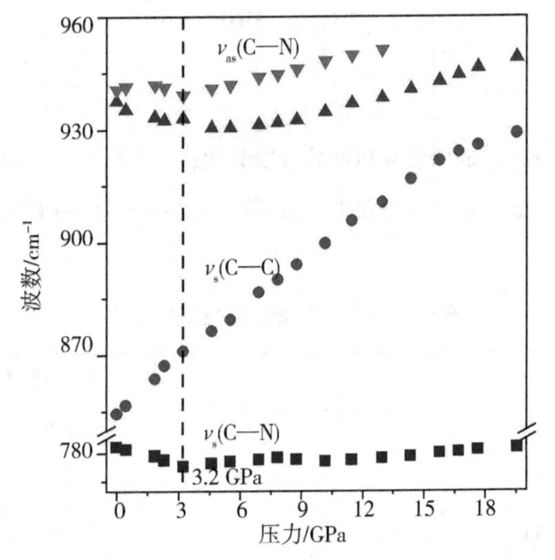

图 6.4 EA^+ 中 ν_{as}(C—N) 和 ν_s(C—N) 红外振动模式随压力的变化

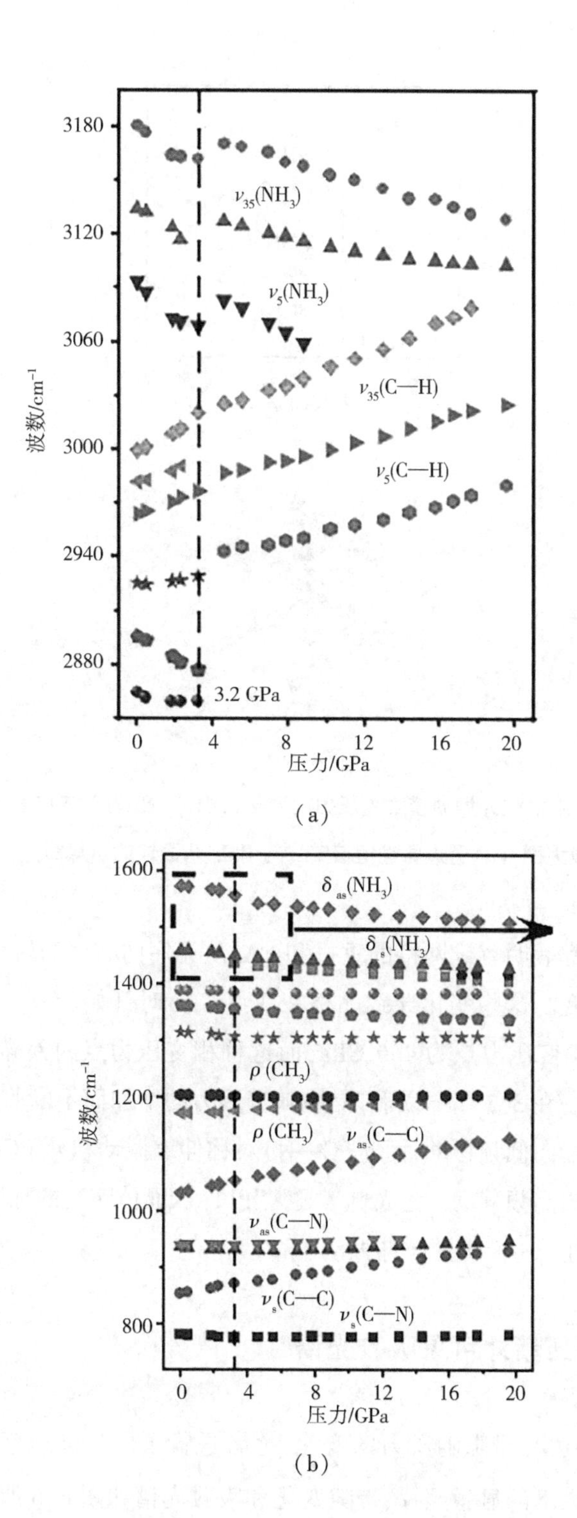
3180
3120
3060
3000
2940
2880
波数/cm⁻¹
$\nu_{35}(NH_3)$
$\nu_5(NH_3)$
ν_{35}(C—H)
ν_5(C—H)
3.2 GPa
0
4
8
12
16
20
压力/GPa
1600
1400
1200
1000
800
$\delta_{as}(NH_3)$
$\delta_s(NH_3)$
$\rho(CH_3)$
$\rho(CH_3)$
ν_{as}(C—C)
ν_{as}(C—N)
ν_s(C—C)
ν_s(C—N)

(a)

(b)

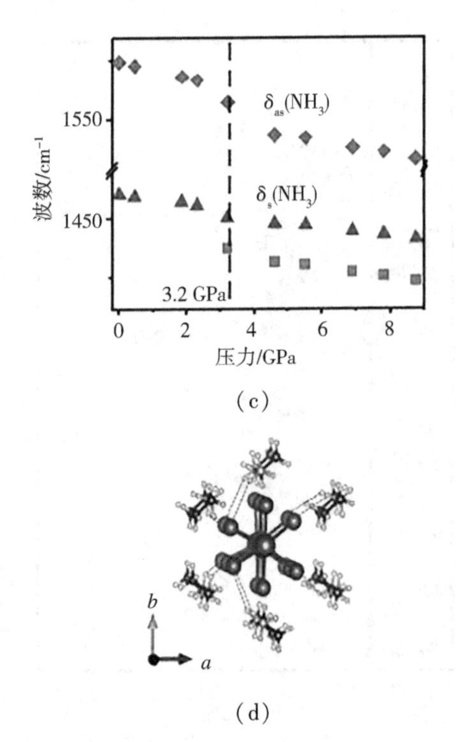

图 6.5 (a)、(b) EA^+ 的红外振动模式随压力的变化;(c) $\delta_{as}(NH_3)$ 和 $\delta_s(NH_3)$ 振动模式的放大图;(d) 通过氢键链接 EA^+ 与 PbI_6 八面体的示意图

所有新现象都表明氢键网格的重排和 EA^+ 从无序向有序的转变,导致 PbI_6 部分的不对称畸变。这些变化导致晶格在 3.2 GPa 时开始转变为单斜相。由 XRD 谱图所示,相变压力点为 4.5 GPa,而这种相变压力点的差异可能是新相成核缓慢的原因。在 3.2 GPa 以后,晶胞随着压力的增加而不断收缩,与 N—H 键相关的振动继续向低频移动,而 ν_s(C—N) 对称伸缩振动和 ν_{as}(C—N) 反对称伸缩振动则缓慢向高频移动。这意味着随着 PbI_6 八面体畸变的加剧,氢键没有足够的拉力来阻止 C—N 键的拉伸振动。

6.3.3 原位高压紫外可见吸收光谱

为了探究 $EAPbI_3$ 带隙随压力的变化,笔者进行了原位高压紫外可见吸收的测试。不同压力下的显微照片、带隙变化和吸收光谱如图 6.6 所示。在常压下，样品在大约 500 nm 处呈现出一个陡峭的吸收边，且光学照片表现出半透明的黄色。在从常压到 6.8 GPa 的加压过程中，吸收边逐渐红移，在从 6.8 GPa 加压到 10.8 GPa 的过程中吸收边在 640 nm 左右趋于平稳。随着进一步压缩，吸收边继续红移，在 30.1 GPa 时进入近红外区，相应的样品颜色也从半透明的黄色变为不透明的黑色。结合 $EAPbI_3$ 的吸收边在压力下的变化和 Tauc 公式，利用外推法得到带隙随压力的变化关系，如图 6.6(c)所示。常压下，样品的带隙为 2.1 eV，在加压过程中带隙明显发生了三次变化。低于 3.8 GPa 时，带隙迅速变窄，这可能是 Pb—I 键长缩短所致。Pb—I 键长的缩短使 Pb 6p 轨道和 I 5p 轨道耦合作用增强，降低了导带的能量。3.8 GPa 后，带隙的变化不明显。这种现象是由于 Pb—I—Pb 键角的减小和 Pb—I 键长的缩短之间的相互作用引起的。加压到 9.4 GPa 时，Pb—I 键长的缩短在带隙变化中起主要作用，因此随着压力的增加，带隙呈线性变窄。

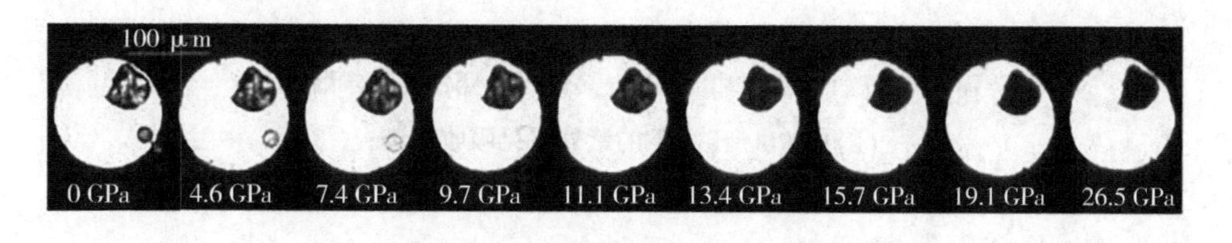

(a)

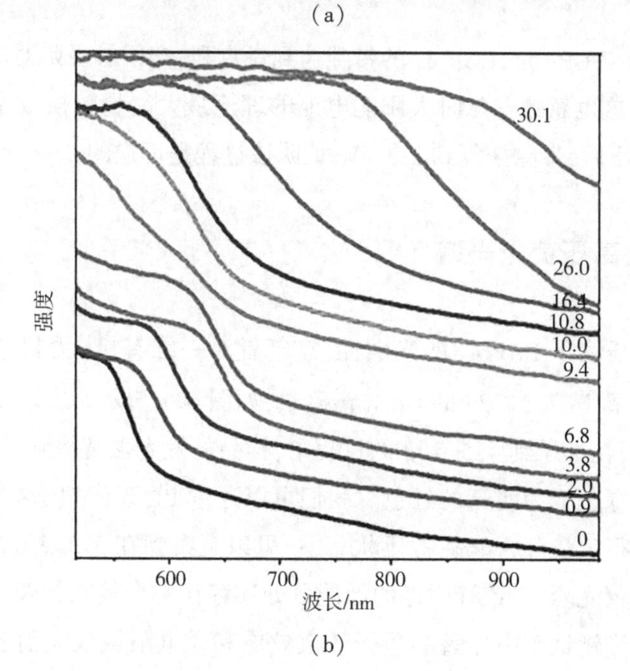

(b)

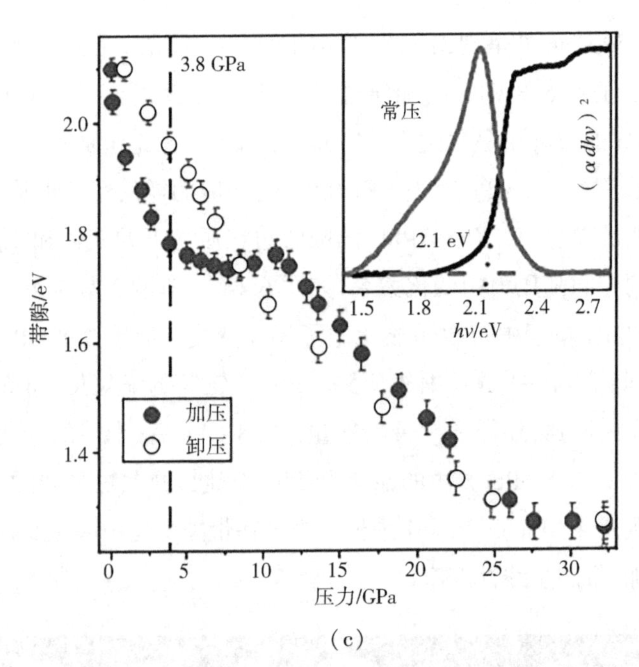

(c)

图 6.6 (a)样品腔中 $EAPbI_3$ 晶体压致变色的光学照片；

(b)$EAPbI_3$ 压力下的紫外可见吸收光谱；

(c)带隙随压力的变化，插图为常压处的带隙 Tauc plots 谱和光致发光图谱

在大约 24.7 GPa 时，$EAPbI_3$ 的带隙达到肖克利-奎伊瑟极限对应的最优带隙(1.34 eV)，这也意味着此时太阳能电池的理论最大能量转换效率可以达到 33%。完全卸压后，带隙恢复到 2.1 eV，证明该过程是可逆的。

6.3.4 原位高压荧光光谱

为了探究压力下 $EAPbI_3$ 的光学性质，笔者对一维有机-无机杂化钙钛矿 $EAPbI_3$ 进行了高达 7.0 GPa 的 PL 光谱测量，如图 6.7 所示。常压下样品发出黄绿色的荧光，在加压到 4.5 GPa 的过程中，样品的发光强度得到了提高，颜色也由微弱的黄绿色变为明亮的红色。我们可以通过 PL 光谱对 $EAPbI_3$ 晶体荧光增强过程进行定量分析。在常压状态下，可以观察到在 573.7 nm 处存在一个尖锐且窄的荧光峰，在该峰附近的低能量处还存在一个较宽的荧光带尾。这可能是由于一维钙钛矿中显著的量子约束效应和介电限域效应引起的束缚激子的辐射跃迁，触发了峰型较宽且能量较低的 PL 峰的尾部。

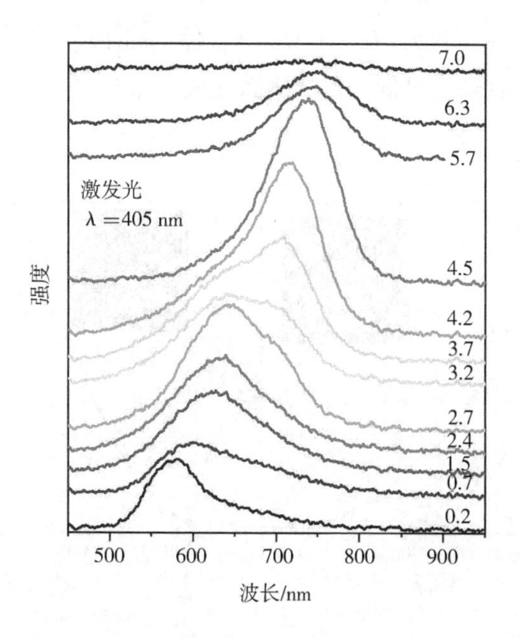

图 6.7　405 nm 激光下激发的原位高压 $EAPbI_3$ 荧光光谱

因此，笔者利用多重高斯函数将样品的 PL 光谱分别拟合出发射中心在 573.7 nm 处的峰 1 和发射中心在 643.7 nm 处的峰 2，如图 6.8(a)所示。为了研究实验过程中的变化，笔者统计了每个压力点下荧光强度和荧光峰峰位的变化过程，如图 6.8(b)和图 6.8(c)所示。当对 $EAPbI_3$ 开始施加压力时，峰 1 和峰 2 的峰位均开始逐渐红移。峰 1 的 PL 强度在 2.7 GPa 时达到最大值。峰 2 的 PL 强度在 0.7 GPa 时急剧增强，随后在 2.4 GPa 时达到谷值。继续加压，峰 2 的 PL 强度出现触底回弹现象。当加压到 4.5 GPa 时，$EAPbI_3$ 晶体的荧光强度增强了 5 倍左右，并伴随一个较大的斯托克斯频移，直到 7.8 GPa 时荧光完全消失。这表明越来越多由压力引起的缺陷产生较强的非辐射复合过程。这些缺陷捕获的电子在与空穴复合之前不能逃逸。在 2.9 GPa 前后，峰位的移动速率明显不同，如图 6.8(c)所示。笔者猜测在 2.9 GPa 前后的这种变化可能是由于样品结构的改变，在不同压力下，所有 PL 峰强度的变化与图 6.8(a)插图中所示的样品腔显微照片中荧光颜色的变化存在某种一致性，即随着压力增高拟合峰中心红移，$EAPbI_3$ 晶体的荧光颜色由黄绿色慢慢变为亮红色。两个PL峰的半峰宽(FWHM)也都显示出随压力的异常演变，如图6.9所示，峰1的半峰宽随压力的增加而变大，在2.0 GPa后，峰1的半峰宽大于峰2，而峰2的半峰宽在3.2 GPa时降至最低。也从侧面反映了峰1、峰2强度随压力的变化。

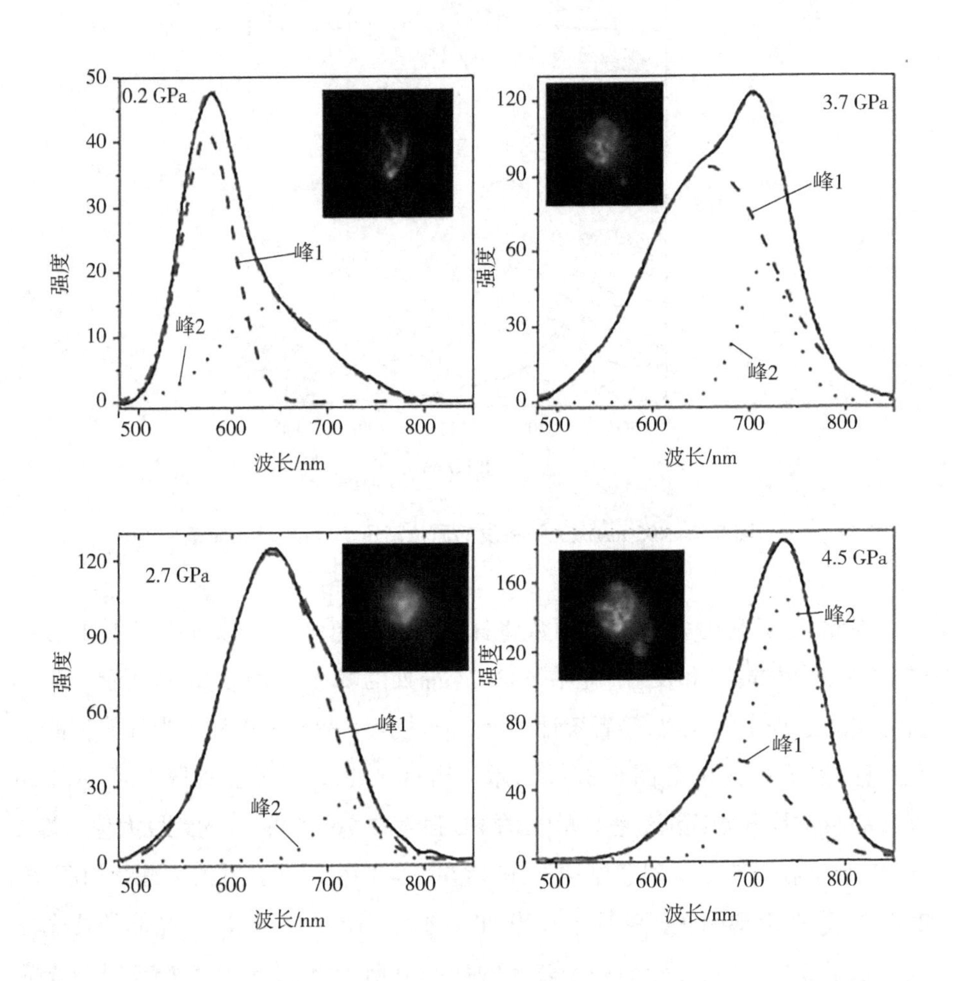

(a)

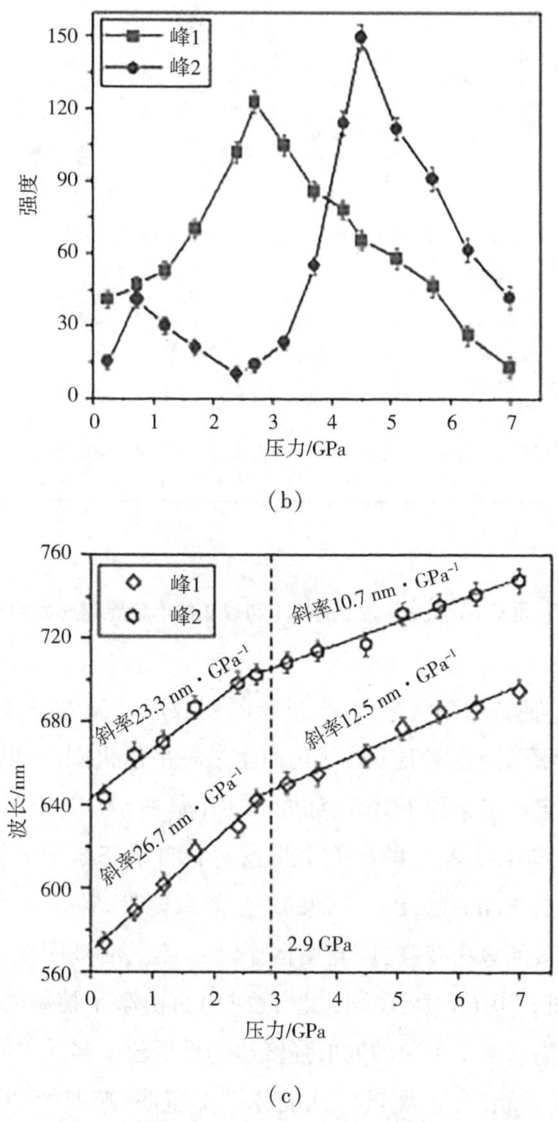

图 6.8　(a)具有代表性的压力下的 PL 光谱，插图为相应的光学显微照片；
(b) $EAPbI_3$ 的 PL 强度随压力的演化；
(c)峰 1 和峰 2 在不同压力下的能带位置，实线是能带位置与压力的线性拟合

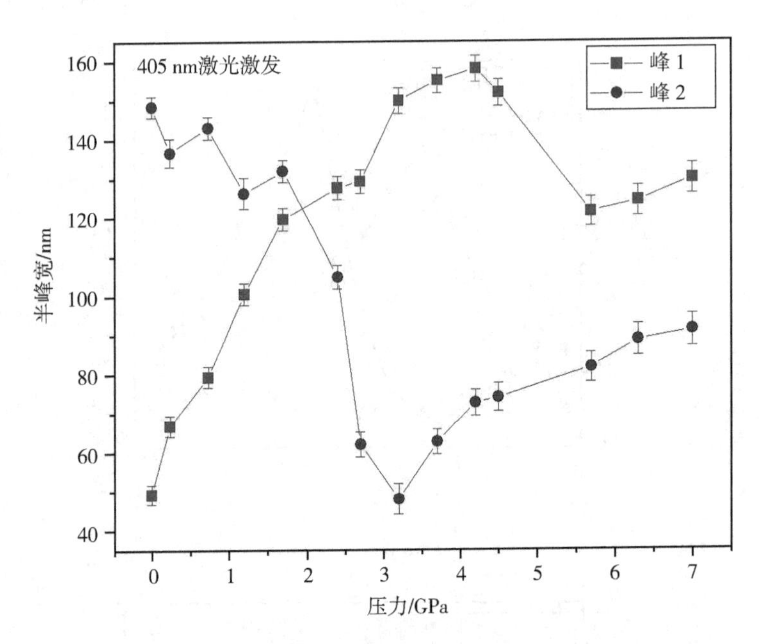

图 6.9　405 nm 激光下激发的峰 1 和峰 2 的半峰宽随压力的变化

由于 $EAPbI_3$ 独特的链状结构,强量子限制效应使激发态载流子很容易在导带上形成自由激子。在室温下热活化产生一种平衡机制,可以使自由激子与自陷态激子在一定环境条件下共存,如图 6.10(a)所示。这导致了在两个波段上的浅黄色发射,即自由激子的高能窄带发射和自陷态激子的低能宽带发射。当压力增加到约 2.7 GPa 时,Pb—I 键的缩短导致能带结构中的导带能量降低,由于自陷过程的激活势垒变高,则自由激子通过热激活被困在自陷状态中,跃迁概率变小,如图 6.10(b)所示。因此,此时由自由激子控制的发射强度达到峰值,相反,由自陷态激子引起的发射强度达到最低值。当压力增加到 4.5 GPa 时,晶体结构发生了相变,导致 PbI_6 八面体严重扭曲,畸变的 PbI_6 八面体晶格与激子之间的强耦合降低了自陷态,使自陷态激子主导的发射强度增强了 5 倍。俘获激子理论也可以解释半峰宽的演化。自由激子在晶体中可以自由运动,因此具有较大的动能。而在压力作用下畸变的一维 $EAPbI_3$ 晶格中发生了转移动能的散射过程。如上所述,在压力作用下 PbI_6 八面体畸变可以降低自陷态的能量,增加自陷深度,俘获激子的部分效应增强。俘获激子的波函数可以看作是不重叠的,基态能级是孤立的和局域化的。俘获激子的动能对发射带展宽的影响可以忽略。因此,俘获激子的发射光谱较窄。

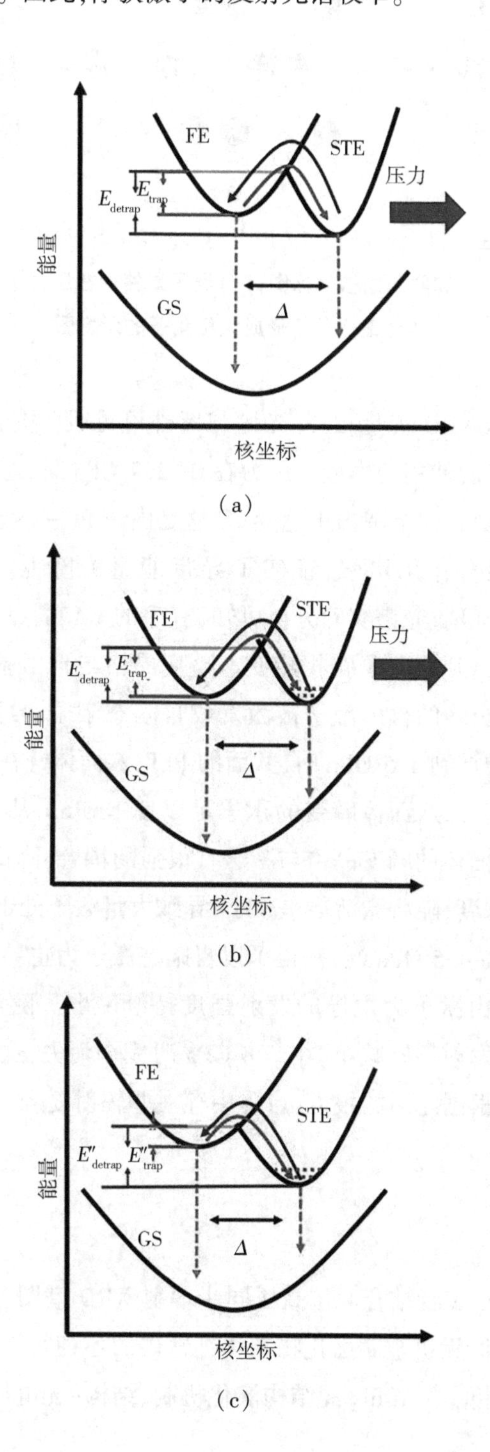

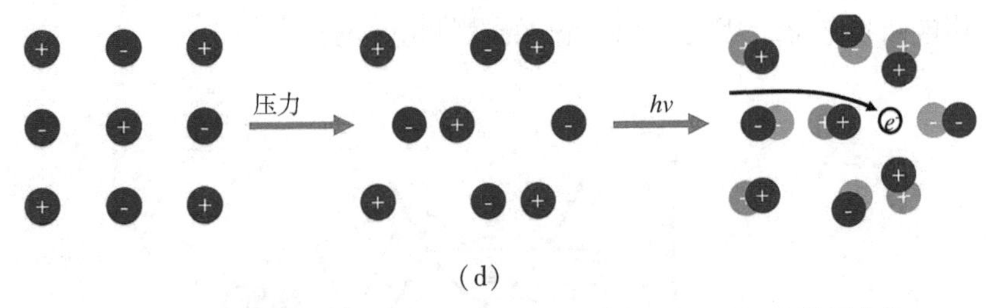

(d)

图 6.10 在(a)1 atm、(b)2.7 GPa、(c)4.5 GPa 下，$EAPbI_3$ 中激子自陷和脱陷的核坐标图；(d)离子晶格中在压力和氢键作用下形成大极化子的示意图

结合原位高压 XRD 实验、红外光谱与紫外可见吸收光谱的结果验证了压力下热激活捕集和脱捕集的模型。压力在 0~2.7 GPa 时，通过紫外可见吸收光谱，我们了解到带隙在此范围内迅速变窄，这是由于 Pb—I 键长缩短使 Pb 6p 轨道和 I 5p 轨道耦合作用增强，证实了导带能量的降低。随着压力增大至 3.2 GPa，结合红外吸收光谱实验分析可知，有序的 EA^+ 通过氢键作用导致八面体不对称畸变，晶格开始向单斜相转变。畸变晶格与自由激子发生耦合，自陷态能量开始下降，更多的自由激子被激发成自陷态激子，自陷态激子的数量趋于增加。当压力增加到 4.5 GPa 时，共面的 PbI_6 八面体链在氢键(N—H···I)的牵引下发生严重畸变，八面体畸变的积累足以使 $EAPbI_3$ 从正交相转化为单斜相。因此，PbI_6 八面体的畸变晶格与激子有很强的耦合，降低了自陷态的能量，增大了自陷态的深度，随后激活势垒减小，导致大量激子处于自陷态，如图 6.10(c)所示。因此，在 4.5 GPa 时，获得了以自陷态激子为主导且强度增强了 5 倍的窄发射，而以自由激子为主导的发射强度持续减弱。随着压力的进一步增大，自陷态激子的发射逐渐减小，在 7.8 GPa 时完全消失，这与八面体的严重畸变相一致，这说明根据之前的报道，点阵中存在非辐射复合。

6.4 小结

本章通过 DAC 装置结合原位高压同步辐射 XRD 谱图、原位高压荧光光谱等探讨了一维有机-无机金属卤化物杂化钙钛矿的各种特性。根据实验数据和理论模型，笔者分析了 $EAPbI_3$ 的结构演化机制、结构-光电性质之间的关联，总结如下：

(1)首次发现 $EAPbI_3$ 的压致结构变化。原位高压红外吸收光谱和同步辐射 XRD 实验结果显示,在 3.2 GPa 时,氢键网格的重排和 EA^+ 从无序到有序的转变引起了 PbI_6 八面体的不对称畸变,导致晶格开始向单斜相转变。4.5 GPa 时,八面体链在氢键(N—H···I)的牵引下发生畸变,足以使 $EAPbI_3$ 彻底从初始的正交 *Pccn* 相转变为单斜链状的 *P*21/*c* 相

(2)低压力下实现了肖克利-奎伊瑟最优带隙。原位高压紫外可见吸收光谱结果显示,在实验压力范围内,$EAPbI_3$ 的吸收边随着压力的增加逐渐红移,光学带隙变窄。在大约 24.7 GPa 时带隙达到肖克利-奎伊瑟最优带隙即 1.34 eV。

(3)压致诱导双重荧光增强。原位高压荧光光谱表明,在强量子限制效应的作用下能够产生双重发射强度增强的现象,并且在压力下出现 5 倍增强效果的宽带红光发射。热激活捕集和脱捕集模型很好地验证了两次发射增强的原因。荧光发射强度在 2.7 GPa 首次增强是由 PI—I 键长缩短导致导带能量降低,也因此增强了本征跃迁概率。第二荧光强度增强出现于 4.5 GPa 时,这是由于扭曲的 PbI_6 八面体和声子在晶体从正交相向单斜相转变时发生了强耦合,增强了自陷深度。

本书的实验结果对深入了解一维钙钛矿的晶体结构稳定性、发光特性以及带隙调控方面提供了关键的信息,论述了高压对其结构、带隙等各方面的调控原理,尝试利用高压途径得到性质更为出众的有机-无机杂化钙钛矿材料,为此类材料在各类光电器件的应用奠定了良好的基础。

参考文献

[1]HEMLEY R J, ASHCROFT N W. The revealing role of pressure in the condensed matter sciences [J]. Physics Today, 1998, 51(8): 26-32.

[2]STÖFFLER D. Minerals in the deep earth: A message from the asteroid belt [J]. Science, 1997, 278(5343): 1576-1577.

[3]PARISE J B. High pressure studies [J]. Reviews in Mineralogy and Geochemistry, 2006, 63(1): 205-231.

[4]MCMILLAN P F. New materials from high-pressure experiments [J]. Nature Materials, 2002, 1(1): 19-25.

[5]MA Y, EREMETS M, OGANOV A R, et al. Transparent dense sodium [J]. Nature, 2009, 458(7235): 182-185.

[6]JAFFE A, LIN Y, MAO W L, et al. Pressure-Induced Metallization of the Halide Perovskite(CH_3NH_3)PbI_3[J]. Journal of the American Chemical Society, 2017, 139(12): 4330-4333.

[7]CHI Z H, CHEN X L, YEN F, et al. Superconductivity in pristine $2H_a$-MoS_2 at ultrahigh pressure [J]. Physical Review Letters, 2018, 120(3): 037002.

[8]CHIDAMBARAM R, SHARMA S M. Materials response to high pressures [J]. Bulletin of Materials Science, 1999, 22(3): 153-163.

[9]BOND G F. New developments in high pressure living [J]. Archives of Environmental Health: An International Journal, 1964, 9(3): 310-314.

[10]DEMAZEAU G. High pressure in solid-state chemistry [J]. Journal of Physics: Condensed Matter, 2002, 14(44): 11031-11035.

[11]FEDORUK-WYSZOMIRSKA A, WYSZKO E, GIEL-PIETRASZUK M, et al.

High hydrostatic pressure approach proves RNA catalytic activity without magnesium [J]. International Journal of Biological Macromolecules, 2007, 41(1): 30-35.

[12] OHTANI E. Water in the mantle [J]. Elements, 2005, 1(1): 25-30.

[13] GROCHALA W, HOFFMANN R, FENG J, et al. The chemical imagination at work in very tight places [J]. Angewandte Chemie International Edition, 2007, 46(20): 3620-3642.

[14] O'KEEFE J D, AHRENS T J. Impact production of CO_2 by the Cretaceous/Tertiary extinction bolide and the resultant heating of the Earth [J]. Nature, 1989, 338(6212): 247-249.

[15] SHARMA A, SCOTT J H, CODY G D, et al. Microbial activity at gigapascal pressures [J]. Science, 2002, 295(5559): 1514-1516.

[16] SETTER N, WASER R. Electroceramic materials [J]. Acta Materialia, 2000, 48(1): 151-178.

[17] WASER R. Modeling of electroceramics-applications and prospects [J]. Journal of the European Ceramic Society, 1999, 19(6): 655-664.

[18] HU Z J, TIAN M W, NYSTEN B, et al. Regular arrays of highly ordered ferroelectric polymer nanostructures for non-volatile low-voltage memories [J]. Nature Materials, 2009, 8(1): 62-67.

[19] EERENSTEIN W, MATHUR N D, SCOTT J F. Multiferroic and magnetoelectric materials [J]. Nature, 2006, 442(7104): 759-765.

[20] COHEN R E. Origin of ferroelectricity in perovskite oxides [J]. Nature, 1992, 358(6382): 136-138.

[21] NURAJE N, SU K. Perovskite ferroelectric nanomaterials [J]. Nanoscale, 2013, 5(19): 8752-8780.

[22] AKIHIRO K, KENJIRO T, YASUO S, et al. Organometal halide perovskites as visible-light sensitizers for photovoltaic cells [J]. Journal of the American Chemical Society, 2009, 131(17): 6050-6051.

[23] MEI A Y, LI X, LIU L F, et al. A hole-conductor-free, fully printable mesoscopic perovskite solar cell with high stability [J]. Science, 2014, 345

(6194): 295–298.

[24]Newcomer juices up the race to harness sunlight [J]. Science, 2013, 342 (6165): 1438–1439.

[25]XU C, ZHANG Z L, HU Y, et al. Printed hole–conductor–free mesoscopic perovskite solar cells with excellent long–term stability using PEAI as an additive [J]. Journal of Energy Chemistry, 2018, 27(3):764–768.

[26]RAHUL, BHATTACHARYA B, SINGH P K, et al. Perovskite sensitized solar cell using solid polymer electrolyte [J]. International Journal of Hydrogen Energy, 2016, 41(4): 2847–2852.

[27]KIESLICH G, SUN S, CHEETHAM A K. Solid–state principles applied to organic–inorganic perovskites: new tricks for an old dog [J]. Chemical Science, 2014, 5(12): 4712–4715.

[28]GOLDSCHMIDT V M. Crystal structure and chemical constitution[J]. Transactions of the Faraday Society, 1929, 25: 253–283.

[29]LI Z, YANG M J, PARK J S, et al. Stabilizing perovskite structures by tuning tolerance factor: Formation of formamidinium and cesium lead iodide solid–state alloys [J]. Chemistry of Materials, 2016, 28(1): 284–292.

[30]STOUMPOS C C, KANATZIDIS M G. The renaissance of halide perovskites and their evolution as emerging semiconductors [J]. Accounts of Chemical Research, 2015, 48(10): 2791–2802.

[31]XIAO J W, LIU L, ZHANG D, et al. The emergence of the mixed perovskites and their applications as solar cells [J]. Advanced Energy Materials, 2017, 7 (20): 1700491.

[32]FAN Z, SUN K, WANG J. Perovskites for photovoltaics: a combined review of organic–inorganic halide perovskites and ferroelectric oxide perovskites [J]. Journal of Materials Chemistry A, 2015, 3(37): 18809–18828.

[33]ZHU H, CAI T, QUE M D, et al. Pressure–induced phase transformation and band–gap engineering of formamidinium lead iodide perovskite nanocrystals [J]. The Journal of Physical Chemistry Letters, 2018, 9(15): 4199–4205.

[34]CAO Y, QI G Y, LIU C, et al. Pressure–tailored band gap engineering and

structure evolution of cubic cesium lead iodide perovskite nanocrystals [J]. The Journal of Physical Chemistry C, 2018, 122(17): 9332-9338.

[35] YIN W J, YANG J H, KANG J, et al. Halide perovskite materials for solar cells: a theoretical review [J]. Journal of Materials Chemistry A, 2015, 3 (17): 8926-8942.

[36] CHIN X Y, CORTECCHIA D, YIN J, et al. Lead iodide perovskite light-emitting field - effect transistor [J]. Nature Communications, 2015, 6 (1): 7383.

[37] DANG C, LEE J, BREEN C, et al. Red, green and blue lasing enabled by single-exciton gain in colloidal quantum dot films [J]. Nature Nanotechnology, 2012, 7(5): 335-339.

[38] XING G C, MATHEWS N , LIM S S. Low-temperature solution-processed wavelength-tunable perovskites for lasing [J]. Nature Materials, 2014, 13 (5): 476-480.

[39] SAIDAMINOV M I, MOHAMMED O F, BAKR O M. Low-dimensional-networked metal halide perovskites: The next big thing [J]. ACS Energy Letters, 2017, 2(4): 889-896.

[40] MITZI D B. Templating and structural engineering in organic-inorganic perovskites [J]. Journal of the Chemical Society, Dalton Transactions, 2001,(1): 1-12.

[41] KAMMINGA M E, FANG H H, FILIP M R, et al. Confinement effects in low-dimensional lead iodide perovskite hybrids [J]. Chemistry of Materials, 2016, 28(13): 4554-4562.

[42] DU K Z, TU Q, ZHANG X, et al. Two-dimensional lead(II) halide-Based hybrid perovskites templated by acene alkylamines: Crystal structures, optical properties, and piezoelectricity [J]. Inorganic Chemistry, 2017, 56(15): 9291-9302.

[43] JAFFE A, KARUNADASA H I. lithium cycling in a self-assembled copper chloride-polyether hybrid electrode [J]. Inorganic Chemistry, 2014, 53 (13): 6494-6496.

[44] MITZI D B. Organic-inorganic perovskites containing trivalent metal halide layers: The templating influence of the organic cation layer [J]. Inorganic Chemistry, 2000, 39(26): 6107-6113.

[45] CASTRO-CASTRO L M, GULOY A M. Organic-based layered perovskites of mixed-valent gold(I)/gold(III) iodides [J]. Angewandte Chemie International Edition, 2003, 42(24): 2771-2774.

[46] CONNOR B A, LEPPERT L, SMITH M D, et al. layered halide double perovskites: dimensional reduction of $Cs_2AgBiBr_6$ [J]. Journal of the American Chemical Society, 2018, 140(15): 5235-5240.

[47] SAPAROV B, MITZI D B. Organic-inorganic perovskites: Structural versatility for functional materials design [J]. Chemical Reviews, 2016, 116(7): 4558-4596.

[48] SMITH M D, CONNOR B A, KARUNADASA H I. Tuning the luminescence of layered halide perovskites [J]. Chemical Reviews, 2019, 119(5): 3104-3139.

[49] MITZI D B, WANG S, FEILD C A, et al. Conducting layere organic-inorganic halides containing (110)-oriented perovskite sheets [J]. Science, 1995, 267(5203): 1473-1476.

[50] MULJAROV E A, TIKHODEEV S G, GIPPIUS N A, et al. Excitons in self-organized semiconductor/insulator superlattices: PbI-based perovskite compounds [J]. Physical Review B, 1995, 51(20): 14370-14378.

[51] HONG X, ISHIHARA T, NURMIKKO A V. Dielectric confinement effect on excitons in PbI_4-based layered semiconductors [J]. Physical Review B, 1992, 45(12): 6961-6964.

[52] EVEN J, PEDESSEAU L, KATAN C. Understanding quantum confinement of charge carriers in layered 2D hybrid perovskites [J]. ChemPhysChem, 2014, 15(17): 3733-3741.

[53] ISHIHARA T. Optical properties of PbI-based perovskite structures [J]. Journal of Luminescence, 1994, 60-61: 269-274.

[54] HANAMURA E, NAGAOSA N, KUMAGAI M, et al. Quantum wells with en-

hanced exciton effects and optical non-linearity [J]. Materials Science and Engineering: B, 1988, 1(3): 255-258.

[55] TRAN THOAI D , ZIMMERMANN R, GRUNDMANN M, et al. Image charges in semiconductor quantum wells: Effect on exciton binding energy [J]. Physical Review B, 1990, 42(9): 5906-5909.

[56] PEDESSEAU L, SAPORI D, TRAORE B, et al. Advances and promises of layered halide hybrid perovskite semiconductors [J]. ACS Nano, 2016, 10 (11): 9776-9786.

[57] LIN Q Q, ARMIN A, NAGIRI R C R, et al. Electro-optics of perovskite solar cells [J]. Nature Photonics, 2015, 9(2): 106-112.

[58] SHINADA M, SUGANO S. Interband optical transitions in extremely anisotropic semiconductors. I. bound and unbound exciton absorption [J]. Journal of the Physical Society of Japan, 1966, 21(10): 1936-1946.

[59] FRENKEL J. On the transformation of light into heat in solids. I [J]. Physical Review, 1931, 37(1): 17-44.

[60] YUAN Z, ZHOU C K, TIAN Y, et al. One-dimensional organic lead halide perovskites with efficient bluish white-light emission [J]. Nature Communications, 2017, 8(1): 14051.

[61] DOHNER E R, HOKE E T, KARUNADASA H I. Self-assembly of broadband white-light emitters [J]. Journal of the American Chemical Society, 2014, 136(5): 1718-1721.

[62] SMITH M D, JAFFE A, DOHNER E R, et al. Structural origins of broadband emission from layered Pb - Br hybrid perovskites [J]. Chemical Science, 2017, 8(6): 4497-4504.

[63] XING G C, MATHEWS N, SUN S, et al. Long-range balanced electron-and hole-transport lengths in organic-inorganic $CH_3NH_3PbI_3$ [J]. Science, 2013, 342(6156): 344-347.

[64] BI D Q, MOON S J, HäGGMAN L, et al. Using a two-step deposition technique to prepare perovskite ($CH_3NH_3PbI_3$) for thin film solar cells based on ZrO_2 and TiO_2 mesostructures [J]. RSC Advances, 2013, 3 (41):

18762-18766.

[65] SADHANALA A, AHMAD S, ZHAO B D, et al. Blue-green color tunable solution processable organolead chloride-bromide mixed halide perovskites for optoelectronic applications [J]. Nano Letters, 2015, 15(9): 6095-6101.

[66] IM J H, JANG I H, PELLET N, et al. Growth of $CH_3NH_3PbI_3$ cuboids with controlled size for high-efficiency perovskite solar cells [J]. Nature Nanotechnology, 2014, 9(11): 927-932.

[67] ZHANG Q, SU R, DU W N, et al. Advances in small perovskite-based lasers [J]. Small Methods, 2017, 1(9): 1700163.

[68] TAN Z K, MOGHADDAM R S, LAI M L, et al. Bright light-emitting diodes based on organometal halide perovskite [J]. Nature Nanotechnology, 2014, 9(9): 687-692.

[69] NOH J H, IM S H, HEO J H, et al. Chemical management for colorful, efficient, and stable inorganic-organic hybrid nanostructured solar cells [J]. Nano Letters, 2013, 13(4): 1764-1769.

[70] DESCHLER F, PRICE M, PATHAK S, et al. High photoluminescence efficiency and optically pumped lasing in solution-processed mixed halide perovskite semiconductors [J]. The Journal of Physical Chemistry Letters, 2014, 5(8): 1421-1426.

[71] TANAKA K, OZAWA R, UMEBAYASHI T, et al. One-dimensional excitons in inorganic-organic self-organized quantum-wire crystals $[NH_2C(I)=NH_2]_3PbI_5$ and $[CH_3SC(=NH_2)NH_2]_3PbI_5$ [J]. Physica E: Low-dimensional Systems and Nanostructures, 2005, 25(4): 378-383.

[72] XIONG K, LIU W, TEAT S J, et al. New hybrid lead iodides: From one-dimensional chain to two-dimensional layered perovskite structure [J]. Journal of Solid State Chemistry, 2015, 230: 143-148.

[73] SHI Y, MA Z W, ZHAO D L, et al. Pressure-induced emission (PIE) of one-dimensional organic tin bromide perovskites [J]. Journal of the American Chemical Society, 2019, 141(16): 6504-6508.

[74] JAFFE A, LIN Y, MAO W L, et al. Pressure-induced conductivity and

yellow-to-black piezochromism in a layered Cu-Cl hybrid perovskite [J]. Journal of the American Chemical Society, 2015, 137(4): 1673-1678.

[75] WANG Y J, LÜ X J, YANG W C, et al. Pressure-induced phase transformation, reversible amorphization, and anomalous visible light response in organolead bromide perovskite [J]. Journal of the American Chemical Society, 2015, 137(34): 11144-11149.

[76] YAN H C, OU T J, JIAO H, et al. Pressure dependence of mixed conduction and photo responsiveness in organolead tribromide perovskites [J]. The Journal of Physical Chemistry Letters, 2017, 8(13): 2944-2950.

[77] JAFFE A, LIN Y, BEAVERS C M, et al. High-pressure single-crystal structures of 3D lead-halide hybrid perovskites and pressure effects on their electronic and optical properties [J]. ACS Central Science, 2016, 2(4): 201-209.

[78] WANG P, GUAN J W, GALESCHUK D T K, et al. Pressure-induced polymorphic, optical, and electronic transitions of formamidinium lead iodide perovskite [J]. The Journal of Physical Chemistry Letters, 2017, 8(10): 2119-2125.

[79] JIN H, IM J, FREEMAN A J. Topological insulator phase in halide perovskite structures [J]. Physical Review B, 2012, 86(12): 121102.

[80] YUAN G, QIN S, WU X, et al. Pressure-induced phase transformation of $CsPbI_3$ by X-ray diffraction and Raman spectroscopy [J]. Phase Transitions, 2018, 91(1): 38-47.

[81] ZHANG L, WU L W, WANG K, et al. Pressure-Induced broadband emission of 2D Organic-inorganic hybrid perovskite $(C_6H_5C_2H_4NH_3)_2PbBr_4$ [J]. Advanced Science, 2019, 6(2): 1801628.

[82] YIN T T, LIU B, YAN J X, et al. Pressure-engineered structural and optical properties of two-dimensional $(C_4H_9NH_3)_2PbI_4$ perovskite exfoliated nm-thin flakes [J]. Journal of the American Chemical Society, 2019, 141(3): 1235-1241.

[83] YUAN Y, LIU X F, MA X D, et al. Large band gap narrowing and prolonged

carrier lifetime of($C_4H_9NH_3$)$_2$$PbI_4$ under high pressure [J]. Advanced Science, 2019, 6(15): 1900240.

[84]TIAN C, LIANG Y F, CHEN W H, et al. Hydrogen-bond enhancement triggered structural evolution and band gap engineering of hybrid perovskite ($C_6H_5CH_2NH_3$)$_2$$PbI_4$ under high pressure [J]. Physical Chemistry Chemical Physics, 2020, 22(4): 1841-1846.

[85]BRIDGMAN P W. Recent work in the field of high pressures[J]. Reviews of Modern Physics, 1946, 18(1): 1.

[86]OKUBO M , ENOMOTO M , KOJIMA N . Study on photomagnetism of 2-D magnetic compounds coupled with photochromic diarylethene cations [J]. Synthetic Metals, 2005, 152(1-3):461-464.

[87]ZHENG Y X , CAO Q Q , ZHANG C L ,et al. Study of uniaxial magnetism and enhanced magnetostriction in magnetic-annealed polycrystalline $CoFe_2O_4$ [J]. Journal of Applied Physics, 2011, 110(4):661.

[88]LAWSON A W, TANG T Y. A diamond bomb for obtaining powder pictures at high pressures [J]. Review of Scientific Instruments, 1950, 21 (9): 815-815.

[89]JAMIESON J C, LAWSON A W, NACHTRIEB N D. New device for obtaining X-ray diffraction patterns from substances exposed to high pressure [J]. Review of Scientific Instruments, 1959, 30(11): 1016-1019.

[90]WEIR C E, LIPPINCOTT E R, VAN VALKENBURG A, et al. Infrared studies in the 1 to 15-micron region to 30,000 atmospheres [J]. Journal of research of the National Bureau of Standards Section A, Physics and chemistry, 1959, 63A(1): 55-62.

[91]MAO H K. High-pressure physics: Sustained static generation of 1. 36 to 1. 72 megabars [J]. Science,1978, 200(4346): 1145-1147.

[92]DUBROVINSKY L, DUBROVINSKAIA N, PRAKAPENKA V B, et al. Implementation of micro-ball nanodiamond anvils for high-pressure studies above 6 Mbar [J]. Nature Communications, 2012, 3(1): 1163.

[93]SHEN G Y, MAO H K. High-pressure studies with x-rays using diamond an-

vil cells [J]. Reports on Progress in Physics, 2016, 80(1): 016101.

[94]MAO H K, BELL P M, HEMLEY R J. Ultrahigh pressures: Optical observations and Raman measurements of hydrogen and deuterium to 1.47 Mbar [J]. Physical Review Letters, 1985, 55(1): 99-102.

[95]DUNSTAN D J. Theory of the gasket in diamond anvil high - pressure cells [J]. Review of Scientific Instruments, 1989, 60(12): 3789-3795.

[96]JAYARAMAN A. Diamond anvil cell and high-pressure physical investigations [J]. Reviews of Modern Physics, 1983, 55(1): 65-108.

[97]MERRILL L, BASSETT W A. Miniature diamond anvil pressure cell for single crystal X-ray diffraction studies [J]. Review of Scientific Instruments, 1974, 45(2): 290-294.

[98]ZOU G T, MA Y Z, MAO H K, et al. A diamond gasket for the laser-heated diamond anvil cell [J]. Review of Scientific Instruments, 2001, 72(2): 1298-1301.

[99]KLOTZ S, CHERVIN J C, MUNSCH P, et al. Hydrostatic limits of 11 pressure transmitting media [J]. Journal of Physics D: Applied Physics, 2009, 42(7): 075413.

[100]SHINODA K, YAMAKATA M, NANBA T, et al. High-pressure phase transition and behavior of protons in brucite $Mg(OH)_2$: a high-pressure-temperature study using IR synchrotron radiation [J]. 2002, 29(6): 396-402.

[101]CUI H, PIKE R D, KERSHAW R, et al. Syntheses of Ni_3S_2, Co_9S_8, and ZnS by the decomposition of diethyldithiocarbamate complexes [J]. Journal of Solid State Chemistry, 1992, 101(1): 115-118.

[102]ABBOUDI M, MOSSET A. Synthesis of d transition metal sulfides from amorphous dithiooxamide complexes [J] Journal of Solid State Chemistry, 1994, 109(1): 70-73.

[103]BREEN M L, DINSMORE A D, PINK R H, et al. Sonochemically Produced ZnS-Coated Polystyrene Core-Shell Particles for Use in Photonic Crystals [J]. Langmuir, 2001, 17(3): 903-907.

[104]CHOU I M, BLANK J G, GONCHAROV A F, et al. In Situ Observations of

a High-Pressure Phase of H_2O Ice [J]. Science, 1998, 281(5378): 809-812.

[105]DEWAELE A, LOUBEYRE P, MEZOUAR M. Equations of state of six metals above 94 GPa [J]. Physical Review B, 2004, 70(9): 2516-2528.

[106]MAO H K, XU J, BELL P M. Calibration of the ruby pressure gauge to 800 kbar under quasi - hydrostatic conditions [J]. Journal of Geophysical Research: Solid Earth, 1986, 91(B5): 4673-4676.

[107]AKAHAMA Y, KAWAMURA H. Diamond anvil Raman gauge in multimegabar pressure range [J]. High Pressure Research, 2007, 27(4): 473-482.

[108]AMER S. Van der Pauw´s method of measuring resistivities on lamellae of non- uniform resistivity [J]. Solid - State Electronics, 1963, 6(2): 141-145.

[109]KOON D W, BAHL A A, DUNCAN E O. Measurement of contact placement errors in the van der Pauw technique [J]. Review of Scientific Instruments, 1989, 60(2): 275-276.

[110]ANDERMANN G, CARON A, DOWS D A. Kramers-kronig dispersion analysis of infrared reflectance bands [J]. Journal of the Optical Society of America, 1965, 55(10): 1210-1216.

[111]PLASKETT J S, SCHATZ P N. On the Robinson and price (kramers-kronig) method of interpreting reflection data taken through a transparent window [J]. The Journal of Chemical Physics, 1963, 38(3): 612-617.

[112]SEAGLE C T, ZHANG W X, HEINZ D L, et al. Far-infrared dielectric and vibrational properties of nonstoichiometric wüstite at high pressure [J]. Physical Review B, 2009, 79(1): 014104.

[113]KUZMENKO A B. Kramers-kronig constrained variational analysis of optical spectra [J]. Review of Scientific Instruments, 2005, 76(8): 083108.

[114]HIRSCH K R, HOLZAPFEL W B. Diamond anvil high - pressure cell for Raman spectroscopy [J]. Review of Scientific Instruments, 1981, 52(1): 52-55.

[115]HEMLEY R J, PORTER R F. Raman spectroscopy at ultrahigh pressures

[J]. Scripta Metallurgica, 1988, 22(2): 139-144.

[116] BRASCH J W, MELVEGER A J, LIPPINCOTT E R. Laser excited Raman spectra of samples under very high pressures [J]. Chemical Physics Letters, 1968, 2(2): 99-100.

[117] HEMLEY R J, MAO H K, STRUZHKIN V V. Synchrotron radiation and high pressure: New light on materials under extreme conditions [J]. Journal of Synchrotron Radiation, 2005, 12(2): 135-154.

[118] WANG Y, ZHANG T Y, KAN M, et al. Bifunctional stabilization of all-inorganic α-$CsPbI_3$ perovskite for 17% efficiency photovoltaics [J]. Journal of the American Chemical Society, 2018, 140(39): 12345-12348.

[119] BEAL R E, SLOTCAVAGE D J, LEIJTENS T, et al. Cesium lead halide perovskites with improved stability for tandem solar cells [J]. The Journal of Physical Chemistry Letters, 2016, 7(5): 746-751.

[120] HAMMERSLEY A P, SVENSSON S O, THOMPSON A, et al. Calibration and correction of distortions in two-dimensional detector systems [J]. Review of Scientific Instruments, 1995, 66(2): 2310-2310.

[121] OGANOV A R, GLASS C W. Crystal structure prediction using ab initio evolutionary techniques: Principles and applications [J]. Journal of Chemical Physics, 2006, 124(24): 244704.

[122] LYAKHOV A O, OGANOV A R, VALLE M. How to predict very large and complex crystal structures [J]. Computer Physics Communications, 2010, 181(9): 1623-1632.

[123] OGANOV A R, LYAKHOV A O, VALLE M. How evolutionary crystal structure prediction works and why[J]. Accounts of chemical research, 2011, 44(3): 227-237.

[124] SEGALL M D, LINDAN P J D, PROBERT M J, et al. First-principles simulation: ideas, illustrations and the CASTEP code [J]. Journal of Physics: Condensed Matter, 2002, 14(11): 2717-2744.

[125] CLARK S J, SEGALLII M D, PICKARDII C J, et al. First principles methods using CASTEP [J]. Zeitschrift für kristallographie-crystalline materials,

2005, 220(5-6): 567-570.

[126] HAMMER B, HANSEN L B, NORSKOV J K. Improved adsorption energetics within density-functional theory using revised Perdew-Burke-Ernzerhof functionals [J]. Physical Review B, 1999, 59(11): 7413-7421.

[127] CEPERLEY D M, ALDER B J. Ground State of the Electron Gas by a Stochastic Method [J]. Physical Review Letters, 1980, 45(7): 566-569.

[128] PERDEW J P, ZUNGER A. Self-interaction correction to density-functional approximations for many-electron systems [J]. Physical Review B, 1981, 23(10): 5048-5079.

[129] KRESSE G, FURTHMüLLER J. Efficiency of ab-initio total energy calculations for metals and semiconductors using a plane-wave basis set [J]. Computational materials science, 1996, 6(1): 0-50.

[130] TOGO A, OBA F, TANAKA I. First-Principles Calculations of the Ferroelastic Transition Between Rutile-Type and $CaCl_2$-Type SiO_2 at High Pressures [J]. Physical Review B, 2008, 78(13): 134106.

[131] JOHNSTON M B, HERZ L M. Hybrid Perovskites for Photovoltaics: Charge-Carrier Recombination, Diffusion, and Radiative Efficiencies [J]. Accounts of Chemical Research, 2016, 49(1): 146-154.

[132] PASHKIN A, DRESSEL M, KUNTSCHER C A. Pressure-induced deconfinement of the charge transport in the quasi-one-dimensional Mott insulator $(TMTTF)_2AsF_6$ [J]. Physical Review B, 2006, 74(16): 2952-2961.

[133] TROTS D M, MYAGKOTA S V. High-temperature structural evolution of caesium and rubidium triiodoplumbates [J]. Journal of Physics and Chemistry of Solids, 2008, 69(10): 2520-2526.

[134] GLASS C W, OGANOV A R, HANSEN N. USPEX-Evolutionary crystal structure prediction [J]. Computer Physics Communications, 2006, 175(11): 713-720.

[135] SAKAI N, TAKEMURA K I, TSUJI K. Electrical properties of high-pressure metallic modification of iodine [J]. Journal of the Physical Society of Japan, 1982, 51(6): 1811-1816.

[136] RIGGLEMAN B M, DRICKAMER H G. Temperature coefficient of resistance of iodine and selenium at high pressure [J]. The Journal of Chemical Physics, 1962, 37(2): 446-447.

[137] KONG L P, LIU G, GONG J, et al. Simultaneous band-gap narrowing and carrier-lifetime prolongation of organic-inorganic trihalide perovskites [J]. Proceedings of the National Academy of Sciences of the United States of America, 2016, 113(32): 8910-8915.

[138] AKIRA Y, SHIGEO H, SATOSHI S, et al. Corrosion resistance of materials in high temperature gases composed of iodine and oxygen (environment of the 2nd stage reaction) [J]. CORROSION ENGINEERING, 1982, 31(11):699-705.

[139] IWANAGA M, AZUMA J, SHIRAI M, et al. Self-trapped electrons and holes in$PbBr_2$ crystals [J]. Physical Review B, 2002, 65(21): 214306.

[140] LIU G, KONG L P, GUO P J, et al. Two regimes of bandgap red shift and partial ambient retention in pressure-treated two-dimensional perovskites [J]. ACS Energy Letters, 2017, 2(11): 2518-2524.

[141] BILLING D G, LEMMERER A. Octakis (3-propylammonium) octadecaiodopentaplumbate(II): a new layered stucture based on layered perovskites [J]. Acta Crystallographica Section C: Crystal Structure Communications, 2006, 62: 238-240.

[142] MA Z W, LIU Z, LU S Y, et al. Pressure-induced emission of cesium lead halide perovskite nanocrystals [J]. Nature Communications, 2018, 9(1): 4506.

[143] LIANG Y F, HUANG X L, HUANG Y P, et al. New metallic ordered phase of perovskite $CsPbI_3$ under pressure [J]. Advanced Science, 2019, 6(14): 1900399.

[144] SZAFRA SKI M, KATRUSIAK A. Photovoltaic hybrid perovskites under pressure [J]. The Journal of Physical Chemistry Letters, 2017, 8(11): 2496-2506.

[145] LAMBARKI F, OUASRI A, ZOUIHRI H, et al. Crystal structure, Hirshfeld

and vibrational study at ambient temperature of propylammonium pentachlorobismuthate [n-$C_3H_7NH_3$]$_2$BiCl_5(III) [J]. Journal of Molecular Structure, 2017, 1142: 275-284.

[146] WILLIAMS R T, SONG K S. The self-trapped exciton [J]. Journal of Physics and Chemistry of Solids, 1990, 51(7): 679-716.

[147] MCCALL K M, STOUMPOS C C, KOSTINA S S, et al. Strong electron-phonon coupling and self-trapped excitons in the defect halide perovskites A_3M_{2I9} (A=Cs, Rb; M=Bi, Sb) [J]. Chemistry of Materials, 2017, 29(9): 4129-4145.

[148] SMITH M D, KARUNADASA H I. White-light emission from layered halide perovskites [J]. Accounts of Chemical Research, 2018, 51(3): 619-627.

[149] SZAFRANSKI M, KATRUSIAK A. Mechanism of pressure-induced phase transitions, amorphization, and absorption-edge shift in photovoltaic methylammonium lead iodide [J]. Journal of Physical Chemistry Letters, 2016, 7 (17): 3458-3466.

[150] XIAO G J, CAO Y, QI G Y, et al. Pressure effects on structure and optical properties in cesium lead bromide perovskite nanocrystals [J]. Journal of the American Chemical Society, 2017, 139(29): 10087-10094.

[151] KOOIJMAN A, MUSCARELLA L A, WILLIAMS R M. Perovskite thin film materials stabilized and enhanced by zinc(II) doping [J]. Applied Sciences, 2019, 9(8): 1678.

[152] KAWANO N, KOSHIMIZU M, SUN Y, et al. Effects of organic moieties on luminescence properties of organic-inorganic layered perovskite-type compounds [J]. The Journal of Physical Chemistry C, 2014, 118(17): 9101-9106.

[153] LI X L, LI B C, CHANG J H, et al. $(C_6H_5CH_2NH_3)_2CuBr_4$: A lead-free, highly stable two-dimensional perovskite for solar cell applications [J]. ACS Applied Energy Materials, 2018, 1(6): 2709-2716.

[154] LIAO W Q, ZHANG Y, HU C L, et al. A lead-halide perovskite molecular ferroelectric semiconductor [J]. Nature Communications, 2015, 6

(1): 7338.

[155] MATSUISHI K, ISHIHARA T, ONARI S, et al. Optical properties and structural phase transitions of lead-halide based inorganic-organic 3D and 2D perovskite semiconductors under high pressure [J]. physica status solidi (b), 2004, 241(14): 3328-3333.

[156] OU T J, YAN J J, XIAO C H, et al. Visible light response, electrical transport, and amorphization in compressed organolead iodine perovskites [J]. Nanoscale, 2016, 8(22): 11426-11431.

[157] LIU G, GONG J, KONG L P, et al. Isothermal pressure-derived metastable states in 2D hybrid perovskites showing enduring bandgap narrowing [J]. Proceedings of the National Academy of Sciences, 2018, 115 (32): 8076-8081.

[158] LIU G, KONG L P, GONG J, et al. Pressure-induced bandgap optimization in lead-based perovskites with prolonged carrier lifetime and ambient retainability [J]. Advanced Functional Materials, 2017, 27(3).

[159] KITAZAWA N. Excitons in two-dimensional layered perovskite compounds: $(C_6H_5C_2H_4NH_3)_2Pb(Br,I)_4$ and $(C_6H_5C_2H_4NH_3)_2Pb(Cl,Br)_4$ [J]. Materials Science and Engineering: B, 1997, B49(1997): 233-238.

[160] LIU S, LI F, HAN X B, et al. Preparation and two-photon photoluminescence properties of organic inorganic hybrid perovskites $(C_6H_5CH_2NH_3)_2PbBr_4$ and $(C_6H_5CH_2NH_3)_2PbI_4$ [J]. Applied Sciences, 2018, 8(11): 2668.

[161] WANG L R, WANG K, XIAO G J, et al. Pressure-induced structural evolution and band gap shifts of organometal halide perovskite-based methylammonium lead chloride [J]. Journal of Physical Chemistry Letters, 2016, 7 (24): 5273-5279.

[162] WENK H R, LONARDELI I, PEHL J, et al. In situ observation of texture development in olivine, ringwoodite, magnesiowüstite and silicate perovskite at high pressure [J]. Earth and Planetary Science Letters, 2004, 226(3-4): 507-519.

[163] FISCHER G J, WANG Z, KARATO S. Elasticity of $CaTiO_3$, $SrTiO_3$ and $BaTiO_3$ perovskites up to 3.0 GPa: The effect of crystallographic structure[J]. Physics and Chemistry of Minerals, 1993, 20: 97-103.

[164] CAI Y M, LÜ J G, FENG J M. Spectral characterization of four kinds of biodegradable plastics: Poly(lactic acid), poly(butylenes adipate-Co-terephthalate), poly(hydroxybutyrate-Co-hydroxyvalerate) and poly(butylenes succinate) with FTIR and raman spectroscopy [J]. Journal of Polymers and the Environment, 2012, 21(1): 108-114.

[165] ZHOU L, SHINDE N, HU G A, et al. Structural tuning of energetic material bis(1H-tetrazol-5-yl) amine monohydrate under pressures probed by vibrational spectroscopy and X-ray diffraction [J]. The Journal of Physical Chemistry C, 2014, 118(46): 26504-26512.

[166] LIU Q Q, YU X H, WANG X C, et al. Pressure-induced isostructural phase transition and correlation of feas coordination with the superconducting properties of 111-type $Na_{1-x}FeAs$ [J]. Journal of the American Chemical Society, 2011, 133(20): 7892-7896.

[167] ZHAO Y X, ZHU K. Organic-inorganic hybrid lead halide perovskites for optoelectronic and electronic applications [J]. Chemical Society Reviews, 2016, 45(3): 655-689.

[168] ZHANG Y P, LIU J Y, WANG Z Y, et al. Synthesis, properties, and optical applications of low-dimensional perovskites [J]. Chemical Communications, 2016, 52(94): 13637-13655.

[169] LING Y C, YUAN Z, TIAN Y, et al. Bright light-emitting diodes based on organometal halide perovskite nanoplatelets [J]. Advanced Materials, 2016, 28(2): 305-311.

[170] GEORGIEV M, MIHAILOV L, SINGH J. Exciton self-trapping processes [J]. Pure and Applied Chemistry, 1995, 67(3): 447-456.

[171] WU X X, TRINH M T, NIESNER D, et al. Trap states in lead iodide perovskites [J]. Journal of the American Chemical Society, 2015, 137(5): 2089-2096.

[172]ISHIDA K. Self-trapping dynamics of excitons on a one-dimensional lattice [J]. Zeitschrift für Physik B Condensed Matter, 1997, 102(4): 483-491.

[173]WU Z Y, LI L, JI C M, et al. Broad-band-emissive organic-inorganic hybrid semiconducting nanowires based on an ABX_3-type chain compound [J]. Inorganic Chemistry, 2017, 56(15): 8776-8781.

[174]LÜ X, YANG W G, JIA Q X, et al. Pressure-induced dramatic changes in organic-inorganic halide perovskites [J]. Chemical Science, 2017, 8(10): 6764-6776.

[175]ZHANG L, LIU C M, LIN Y, et al. Tuning optical and electronic properties in low-toxicity organic-inorganic hybrid$(CH_3NH_3)_3Bi_{2I9}$ under high pressure [J]. The Journal of Physical Chemistry Letters, 2019, 10(8): 1676-1683.

[176]JIANG S J, FANG Y A, LI R P, et al. Pressure-Dependent Polymorphism and Band-Gap Tuning of Methylammonium Lead Iodide Perovskite [J]. Angewandte Chemie International Edition, 2016, 55(22): 6540-6544.

[177]XUE C, YAO Z Y, ZHANG J, et al. Extra thermo-and water-stable one-dimensional organic-inorganic hybrid perovskite [N-methyldabconium] PbI_3 showing switchable dielectric behaviour, conductivity and bright yellow-green emission [J]. Chemical Communications, 2018, 54(34): 4321-4324.

[178]MATSUI A, MIZUNO K I, TAMAI N, et al. Transient free-exciton luminescence and exciton-lattice interaction in pyrene crystals [J]. Chemical Physics, 1987, 113(1): 111-117.

[179]HU Y Z, LINDBERG M, KOCH S W. Theory of optically excited intrinsic semiconductor quantum dots [J]. Physical Review B, 1990, 42(3): 1713.

[180]PHILIPP H R, EHRENREICH H. Optical properties of semiconductors[J]. Physical Review, 1963, 129(4): 1550.

[181]CAPITANI F, MARINI C, CARAMAZZA S, et al. High-pressure behavior of methylammonium lead iodide ($MAPbI_3$) hybrid perovskite[J]. Journal of Applied Physics, 2016, 119(18).

[182]LEE J H, JAFFE A, LIN Y, et al. Origins of the pressure-induced phase transition and metallization in the halide perovskite (CH_3NH_3) PbI_3 [J].

ACS Energy Letters, 2020, 5(7): 2174-2181.

[183] LIANG A K, GONZALEZ-PLATAS J, TURNBULL R, et al. Reassigning the Pressure-Induced Phase Transitions of Methylammonium Lead Bromide Perovskite[J]. Journal of the American Chemical Society, 2022, 144(43): 20099-20108.

[184] GHOSH D, AZIZ A, DAWSON J A, et al. Putting the squeeze on lead iodide perovskites: pressure-induced effects to tune their structural and optoelectronic behavior[J]. Chemistry of Materials, 2019, 31(11): 4063-4071.

[185] SWAINSON I P, TUCKER M G, WILSON D J, et al. Pressure response of an organic-inorganic perovskite: Methylammonium lead bromide[J]. Chemistry of materials, 2007, 19(10): 2401-2405.

[186] FABINI D H, STOUMPOS C C, LAURITA G, et al. Reentrant structural and optical properties and large positive thermal expansion in perovskite formamidinium lead iodide[J]. Angewandte Chemie, 2016, 128(49): 15618-15622.

[187] FRANCISCO-LÓPEZ A, CHARLES B, ALONSO M I, et al. Phase diagram of methylammonium/formamidinium lead iodide perovskite solid solutions from temperature-dependent photoluminescence and Raman spectroscopies[J]. The Journal of Physical Chemistry C, 2020, 124(6): 3448-3458.

[188] BONADIO A, ESCANHOELA C A, SABINO F P, et al. Entropy-driven stabilization of the cubic phase of $MaPbI_3$ at room temperature[J]. Journal of Materials Chemistry A, 2021, 9(2): 1089-1099.

[189] ASHCROFT N W. Condensed matter at higher densities [M]. High Pressure Phenomena. IOS Press. 2002: 151-194.

[190] HAZEN R M. The diamond makers [M]. Cambridge University Press, 1999.

[191] TOYOZAWA Y. Optical processes in solids [M]. Cambridge University Press, 2003.

[192] YOUNG R A. The rietveld method [M]. International union of crystallography, 1993.

[193]翟耀飞，高会，郜小勇，等. 一步旋涂法制备的钙钛矿 $CH_3NH_3PbI_3$ 薄膜的热稳定性［J］. 郑州大学学报(理学版)，2017，49(1)：75-78.

[194]禹国梁，成泰民，张辉，等. 高压下 L10-FePd 晶态合金的物性研究［J］. 沈阳化工大学学报，2017，31(1)：91-96.

[195]王福芝，谭占鳌，戴松元，等. 平面异质结有机-无机杂化钙钛矿太阳电池研究进展［J］. 物理学报，2015，64(3)：44-61.

[196]邵景珍，董伟伟，邓赞红，等. 基于有机金属卤化物钙钛矿材料的全固态太阳能电池研究进展［J］. 功能材料，2014，45(24)：24008-24013.

[197]薛启帆，孙辰，胡志诚，等. 钙钛矿太阳电池研究进展：薄膜形貌控制与界面工程［J］. 化学学报，2015，73(3)：179-192.

[198]肖娟，张浩力. 新型有机-无机杂化钙钛矿发光材料的研究进展［J］. 物理化学学报，2016，32(8)：1894-1912.

[199]琚成功，张宝，冯亚青. 有机卤化铅钙钛矿太阳能电池［J］. 化学进展，2016，28(Z2)：219-231.

[200]曹楚南，张鉴清. 电化学阻抗谱导论［M］. 北京：科学出版社，2016.

[201]孙洪军，马丹. 高等结构分析［M］. 沈阳:东北大学出版社，2015.

[202]杨序纲，吴琪琳. 拉曼光谱的分析与应用［M］. 北京：国防工业出版社，2008.